高等院校实验系列规划教材

建筑物理实验教程

杜晓辉　编著

扫描二维码，获取视频资源！

北京交通大学出版社

·北京·

内 容 简 介

本书共分 3 篇，包括建筑热学实验、建筑光学实验与建筑声学实验，共列出了 13 个实验。本书注重建筑物理实验内容与理论基础知识的对接，并在每一个实验中详细阐述了实验内容，包括实验仪器的操作方法、实验原理、实验步骤等。通过实验，可进一步加强学生对建筑物理环境与建筑空间设计之间的关系的理解及对建筑物理环境问题的认识，提高学生综合运用建筑技术知识能力及技术设计创新能力，培养学生建筑环境意识。

本书可作为建筑学、城乡规划学及其他相关专业的本科教材，也可作为建筑学、建筑技术科学及其他相关专业硕士研究生的参考用书。

版权所有，侵权必究。

图书在版编目（CIP）数据

建筑物理实验教程 / 杜晓辉编著. —北京：北京交通大学出版社，2020.5
ISBN 978-7-5121-4195-7

Ⅰ. ① 建… Ⅱ. ① 杜… Ⅲ. ① 建筑物理学–实验–高等学校–教材
Ⅳ. ①TU11-33

中国版本图书馆 CIP 数据核字（2020）第 066878 号

建筑物理实验教程
JIANZHU WULI SHIYAN JIAOCHENG

责任编辑：严慧明
出版发行：北京交通大学出版社　　　　电话：010-51686414　　http://www.bjtup.com.cn
地　　址：北京市海淀区高粱桥斜街 44 号　邮编：100044
印 刷 者：北京时代华都印刷有限公司
经　　销：全国新华书店
开　　本：185 mm×260 mm　　印张：7.75　　字数：193 千字
版 印 次：2020 年 5 月第 1 版　　2020 年 5 月第 1 次印刷
定　　价：29.00 元

本书如有质量问题，请向北京交通大学出版社质监组反映。对您的意见和批评，我们表示欢迎和感谢。
投诉电话：010-51686043，51686008；传真：010-62225406；E-mail：press@bjtu.edu.cn。

前　言

随着科学技术的进步，建筑学科的分类愈加细化，作为承担相关专业人才培养任务的高校，必备的基础教学软件及硬件条件是作为院系学科建设的要素之一。作为建筑学二级学科的建筑物理科学，代表建筑学学科的技术科学属性。对于建筑学学科，建筑物理实验教学在创新人才培养和素质教育中起着非常重要的作用。建筑物理实验课是高等院校建筑学专业对学生进行科学实验基本训练的一门必修课，是培养学生科学实验能力的重要环节。

本书编者参考全国高等学校建筑学学科专业指导委员会制定的建筑学专业教学大纲，总结自己多年来指导学生实验课程的经验及在实验辅导中获得的教学体会而编写本书。本书共分 3 篇：第 1 篇为建筑热学实验，包括建筑室内热环境测试与评价、建筑气密性检测与评价、建筑墙体传热系数测试与评价、建筑材料导热系数测试与评价；第 2 篇为建筑光学实验，包括建筑室内照明测试与评价、光源性能测量与评价、建筑空间亮度评价、窗口形式对室内采光的影响与评价、照明模型实验；第 3 篇为建筑声学实验，包括校园环境噪声测量实验、驻波管吸声系数测量实验、建筑隔声测量实验、厅堂混响时间测量实验。

本书由杜晓辉负责统筹规划，由章亦杰、高莉媛、吕政权进行校对、编排。本书编写过程中参考了西安建筑科技大学刘加平教授、戴天兴教授编著的《建筑物理实验》，在此表示感谢。同时，感谢于博雅老师对本书第 3 篇内容的校核与修正。

由于编写时间及编者水平有限，书中可能存在一些不足之处，恳请相关专家学者批评指正，也恳请广大读者在学习和使用的过程中对需要完善和补充的地方提出切实的意见。大家有任何意见或建议，请通过以下邮箱与我们联系：xhdu@bjtu.edu.cn。

编者
2020 年 2 月

目　　录

第1篇　建筑热学实验

第 2 篇 建筑光学实验

第 3 篇　建筑声学实验

第 1 篇　建筑热学实验

实验 1　建筑室内热环境测试与评价

实验目的与要求

（1）了解建筑室内热环境参数测定的基本内容。

（2）初步掌握常用仪器仪表的性能和使用方法。

（3）通过测量，加强对建筑室内热环境参数的感性认识，了解建筑室内环境分布状况。

（4）了解室内热环境舒适状况评价方法。

1.1　基　础　知　识

室内热环境直接影响人体的冷热感，与人体热舒适紧密相关。热环境主要指室内热湿条件状况，如室内温度、湿度、风速等。热舒适在 ASHRAE（American Society of Heating，Refrigerating and Air – Conditioning Engineers，美国采暖、制冷与空调工程师学会）标准中被定义为"人对热环境表示满意的意识状态"。从生理观点来看，人体热舒适是指在没有排汗调节的情况下，人体和环境的热交换达到的热平衡状态。随着人们健康舒适意识的加强，人们对室内环境的要求也越来越强烈。人的一生中有 80%以上的时间是在室内度过的，因此，提供一个舒适和健康的热环境是很重要的。

1. 人体热舒适要求

人体热舒适，指人体对热环境感到满意的主客观评价。随着人民生活水平的日益提高，如何创造舒适的室内热环境越来越受到人们的重视。人对冷热的感觉在很大程度上受皮肤温度左右。室内热环境对人体的影响主要体现在冷热感上，它取决于人体新陈代谢产热量和人体向周围环境散热量之间的平衡关系。图 1-1 为人体与环境之间的热交换。人体的这种平衡可以表示为

$$\Delta q = q_m \pm q_c \pm q_r - q_w \tag{1-1}$$

式中：Δq ——人体得失的热量，W/m^2；

　　q_m ——人体新陈代谢产热量，与人体活动有关，W/m^2；

　　q_c ——人体与周围环境的对流换热量，与空气流速和气温有关，W/m^2；

　　q_r ——人体与环境的辐射换热量，与辐射物体表面温度有关，W/m^2；

　　q_w ——人体蒸发散热量，与空气中所含的水分有关，与相对湿度有关，W/m^2。

图1−1 人体与环境之间的热交换

由式（1−1）可以看出，当$\Delta q=0$时，人体处于热平衡状态，体温维持不变，此时，体内的产热量与环境的失热量相平衡。而当$\Delta q>0$时，体温上升；当$\Delta q<0$时，体温下降。如果体温变化幅度不大，时间也不长，可以通过环境因素的改变和肌体本身的调节，不致对人体产生有害影响。若体温变化幅度大，时间长，人体将出现不舒适感，严重者将出现病态征兆，甚至死亡。因此，要维持体温的恒定不变，必须有$\Delta q=0$，使人体处于热平衡状态，即

$$\Delta q = q_m \pm q_c \pm q_r - q_w = 0$$

但是，$\Delta q=0$并不一定表示人体处于舒适状态，因为各种热量之间可能有许多不同的组合。也就是说，人们会遇到各种不同的热平衡，然而只有那种使人体按正常比例散热的热平衡才是舒适的。正常比例散热因人的活动状况和环境状况的不同有所不同，通常情况下是：q_c约占总散热量的25%～30%，q_r约占总散热量的45%～50%，q_w约占总散热量的20%～30%。处于热舒适状态的热平衡才称为正常的热平衡，此时人体感觉才是舒适的。

人体有一定的热调节机能。当环境过冷时，皮肤毛细血管收缩，血流减少，皮肤温度下降以减少散热量。当环境过热时，皮肤毛细血管扩张，血流增多，皮肤温度升高以增加散热量，甚至大量排汗使q_w加大，以达到所谓的负荷热平衡。在负荷热平衡状态下，虽然Δq仍然等于0，但人体已不处于舒适状态，但只要分泌的汗液量和皮肤表面的平均温度仍在生理允许的范围之内，则负荷热平衡仍是人体可以忍受的。人体的代谢调节能力具有一定限度，不可能无限制地通过减少输往体表血量的方式来抵抗过冷环境，也不可能无限制地靠蒸发汗液来适应过热环境。因此，当室内热环境恶化到一定程度之后，终将出现$\Delta q\neq0$的情况，体温开始升降。从生理卫生方面来说，这是不能允许的。一般地，室内热气候的类型有以下三种：

（1）舒适的室内热气候：$\Delta q=0$，且按正常比例散热，称为正常热平衡；

（2）可以忍受的室内热气候：$\Delta q=0$，按非正常比例散热，称为负荷热平衡；

（3）不可以忍受的室内热气候：$\Delta q \neq 0$，称为热不平衡。

2. 室内热环境舒适指标与评价

室内热环境标准是建筑热工设计的基本依据之一。用于评价室内热环境的指标有多种，使用起来各有利弊。其中最简单、方便且应用最为广泛的指标是空气温度，但仅用空气温度作为室内热环境指标的话，虽然方便，却很不完善。例如，当不考虑气流速度、空气湿度和环境辐射温度时，当人处于 30 ℃的环境中时要比处于 28 ℃的环境中时感觉热一些，但当人处于室内空气温度为 30 ℃、气流速度为 3.0 m/s 的环境中时，相比于处于室内空气温度为 28 ℃、气流速度为 0.1 m/s 的环境中时，人体热感觉要舒适些。同时，由于每个人生理上的差异及主观感觉的多样性，每个个体的舒适区都不尽相同，而模糊评判模型是根据群体的热感觉建立的，不能完全适用于每一个个体。对人体热感觉起重要作用的 4 个参数是空气温度、气流速度、空气湿度、环境辐射温度。人体反应是十分复杂的生物物理过程，因此，对室内热舒适性进行评价时，各国学者发展了多种评价方法。对于多因素评价，人们往往寻找能够代替多因素共同作用的单一指标。本实验介绍其中一种评价方法——有效温度评价法，这种评价方法将空气温度、空气湿度、气流速度对人体温暖感或冷感的影响综合成一个单一数值的指标，它在数值上等于产生相同感觉的静止饱和空气的温度。

有效温度是 1923—1925 年由美国 Yaglon 等人提出的一种热指标，该指标包括的因素有：空气温度、空气湿度与气流速度，用于评价上述三要素对人们的主观热感觉的综合影响。这种指标以受试者的主观反映为评价依据。在决定此项指标的实验中，受试者在环境因素组合不相同的两个房间中来回走动，调节其中一个房间的各项参数值，使得受试者由一个房间进入另一个房间时具有相同的热感觉。图 1-2 为有效温度的定标实验示意图，其中 φ_i 为室内空气湿度，v_i 为室内气流速度，t_i 为室内空气温度。房间 A 为制定有效温度的参考房间，房间 B 的环境要素可任意组合，以模拟可能遇到的实际环境条件。当受试者在两个房间内获得同样的热感觉时，我们就把房间 A 的温度作为房间 B 的有效温度。例如，若房间 B 的 $t_i = 25$ ℃，$\varphi_i = 50\%$，$v_i = 1.5$ m/s 给人的主观热觉与房间 A 的 $t_i = 20$ ℃给人的主观热感觉相同，则房间 B 的有效温度 $T_E = 20$ ℃。

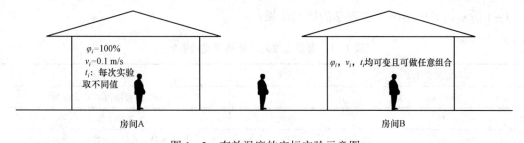

图 1-2　有效温度的定标实验示意图

经验表明，当冬季的温度为 18～22 ℃、夏季的温度为 24～28 ℃，空气湿度范围为 30%～70% 时，人们就感受到舒适的热感觉。这样一来，热感觉图上的夏季舒适值和冬季舒适值可部分地重合在一起。换句话说，如果知道生理学参数的实际范围，有效温度图可用于计算热感觉。有效温度的标尺与热感觉之间的关系如图 1-3 所示，利用该图可以直接查出给定的有效温度下的热感觉。其中，*A* 为寒冷季节人体感觉舒适区，*B* 为炎热季节人体感觉舒适区，*a* 为炎热季节人体热感觉最舒适时的有效温度，*b* 为寒冷季节人体热感觉最舒适时的有效温度。

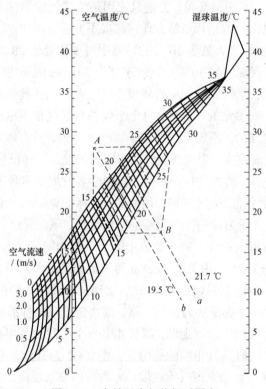

图 1-3　有效温度与热舒适图表

当量有效温度要考虑到气流速度的影响，其数值可以通过计算或图 1-3 查出来。例如，当干球温度为 24 ℃，湿球温度为 16 ℃时，有效温度为 21 ℃，而此时如考虑气流速度为 1 m/s 后，当量有效温度相应减小到 20 ℃。根据有效温度评价人的热状态情况如表 1-1 所示，表中给出了生理学的研究结果。

表 1-1　有效温度对人体热感觉的影响

有效温度值/℃	热感觉	生理学作用
40~42	很热	强烈的热应力影响出汗和血液循环
35	热	皮肤干燥
30	暖和	以出汗的方式进行正常的温度调节
25	舒适	靠肌肉的血液循环来调节
20	凉快	利用衣服调节散热
15	冷	鼻子和手的血管收缩
10	很冷	肌肉疼痛、妨碍表皮的血液循环

3. 相关概念

1）空气温度

空气温度是表示空气冷热程度的物理量。在进行建筑热工设计和计算时，建筑室内外空气温度是一个重要指标。其中，室外空气温度常常是评价不同地区气候冷暖的根据。室内空气温度是表征室内热环境的主要指标，它直接影响人体通过对流和辐射的显热交换，是影响人体热舒适的主要因素。卫生学将 12 ℃ 作为建筑室内热环境的下限。

2）空气湿度

人类生活环境中的空气是干空气与水蒸气的混合物，而空气湿度则是用来表示空气干湿程度，即表示空气中水蒸气含量多少的物理量。大气中的水蒸气含量可以通过不同的计量方式表达，常用的湿度计量方式有绝对湿度（f）、相对湿度（Φ）和水蒸气分压力（P），现分述如下。

（1）绝对湿度（f）。

每立方米空气中所含水蒸气的质量叫绝对湿度，用符号 f 表示，它的单位是 g/m^3。饱和状态下空气的绝对湿度用饱和水蒸气量 f_{max}（g/m^3）来表示。

绝对湿度虽然能具体表明单位体积空气中所含水蒸气的实际数量，但它仍不能反映作为室内微气候参数之一的湿度条件对人体热舒适的影响。这是因为绝对湿度相同而温度不同的空气对人体舒适感的影响是不同的，所以要引入相对湿度的概念。

（2）相对湿度（Φ）。

一定温度、一定大气压力之下，湿空气绝对湿度 f 与同温同压下饱和水蒸气量 f_{max} 的百分比称为该空气在某温度下的"相对湿度"，它反映了空气中水分的饱和程度，相对湿度用 Φ 表示，即

$$\Phi = \frac{f}{f_{max}} \times 100\% \tag{1-2}$$

式中：Φ——相对湿度，%；

f——绝对湿度，g/m^3；

f_{max}——饱和水蒸气量，g/m^3。

（3）水蒸气分压力（P）。

它是指在干空气与水蒸气相混合的湿空气中，在一定的外部温度和压力条件下水蒸气所呈现的压强。空气的实际水蒸气分压力 P_1 的大小主要取决于绝对湿度 f，同时也与空气温度 T 有关，可用下列近似公式来表示水蒸气分压力 P 与绝对湿度 f 之间的关系：

$$P_1 = 0.461Tf \tag{1-3}$$

式中：P_1——空气的实际水蒸气分压力，Pa；

f——与 P_1 对应的绝对湿度，g/m^3；

T——空气热力学温度，K。

式（1-3）表明，当空气温度一定时，空气的实际水蒸气分压力随绝对湿度成正比例

变化；当绝对湿度一定时，空气的实际水蒸气分压力随温度成正比例变化。在同一温度下，建筑热工设计中近似认为 P_1 与 f 的正比例关系成立。因此，相对湿度又是水蒸气分压力 P 与相同温度下饱和水蒸气分压力 P_S 的百分比，即

$$\Phi = \frac{P_1}{P_S} \times 100\% \qquad (1-4)$$

式中：Φ——相对湿度，%；

$\quad\quad P_1$——空气的实际水蒸气分压力，Pa；

$\quad\quad P_S$——相同温度下饱和水蒸气分压力，Pa。

其中，标准大气压时不同温度下的饱和水蒸气分压力 P_S 的数值可以从各种设计资料手册中查出。

3）干球温度与湿球温度

干球温度是温度计在普通空气中所测出的温度，即干湿球温度计中接触球体表面空气的实际温度。

湿球温度是标定空气相对湿度的一种手段。湿球温度难以用简短的文字给出严谨、确切的定义。它是标定空气相对湿度的一种手段，其定义是，某一状态下的空气同湿球温度计的湿润感应探头接触，发生绝热热湿交换，使其达到饱和状态时的温度。周围空气的饱和差愈大，湿球温度表上发生的蒸发愈强，而其湿度也就愈低。根据干、湿球温度的差值，可以确定空气的相对湿度。

4）气流速度

气流速度的大小影响人体的热代谢。气流速度大，人体汗液蒸发加快，促进人体热量的散失，使人体有凉爽或寒冷的感觉。根据有关资料的介绍，当相对湿度为 70% 以上，风速为 1 m/s 时，舒适的温度为 26～29 ℃。对于控制出汗的舒适极限温度，当相对湿度为 80% 以上、风速为 0.1 m/s 时，为 28 ℃；而当风速增到 1 m/s 时，为 32 ℃。

气温低于皮肤表面温度时，增大气流速度会使人感到凉爽。气流速度每增加 1 m/s，会使人感到气温降低 2～3 ℃。所以气流速度较小或无风时，即使温度在 0℃ 以下，人体也不会有太冷的感觉。但当气流速度过大时，即使温度不是很低，也会让人感觉到寒冷。因此，冬天建筑周围呼啸的偏北风让人感到寒冷刺骨，而在炎热的夏季，当气流速度较大时，即使温度比较高，也能感受到丝丝凉意。

5）环境辐射温度

物体在热力学温度大于 0 K 时的辐射能量，称为热辐射。当周围物体的表面温度高于人体表面温度时，则周围物体向人体放射热量，称为正辐射，反之，称为负辐射。在炎热地区，造成建筑室外局部环境过热的原因除了夏季高温以外，还有建筑外立面、周围环境小品的热辐射影响等。

热辐射不受空气温度的影响，且与风速无关。根据试验，当室内空气温度为 10 ℃，壁面表面温度为 50 ℃ 时，人在室内会感到过热；而当室内空气温度为 50 ℃，壁面表面温度为 0 ℃ 时，人在室内感到过冷。

平均辐射温度是指环境四周表面对人体辐射作用的平均温度。人体与围护结构内表面

的辐射热交换取决于各表面的温度及人与表面间的相对位置关系。实际环境中围护结构的内表面温度各不相同，也不均匀，如冬季窗玻璃的内表面温度比内墙壁表面温度低得多。人与窗的距离及人与窗之间的相对位置直接影响人体的热损失。

6）露点温度

露点温度是在大气压力一定、空气含湿量不变的情况下，未饱和的空气因冷却而达到饱和状态时的温度，用 t_d（℃）表示。

冬天在严寒地区的建筑物中，常常看到窗玻璃内表面上有很多冷凝水，有的则结成较厚的霜。其原因就是玻璃保温性能较低，其内表面温度低于室内空气的露点温度。当室内较热的空气接触到较冷的玻璃表面而被冷却时，就在其表面上凝结成水或霜。这说明在水蒸气含量不变的情况下，由于温度的降低，空气中原来未达饱和的水蒸气可变成饱和蒸气，多余的水分就会析出。露点温度可以通过仪器测量，也可先通过热工计算得到室内内表面的温度，再根据该室内的空气温度、相对湿度求得饱和水蒸气量，进而求出露点温度。当室内内表面温度小于露点温度时，就要结露，如高于露点温度，就不会结露。

1.2　实验内容

建筑室内热环境参数的测定共分为 6 个部分的内容，分别是室内空气温度的测定，室内空气干球温度、湿球温度的测定，室内相对湿度的测定，室内气流速度的测定，室内壁面辐射温度的测定及室内露点温度的测定。根据以上测试结果，可评价室内热环境。

1.2.1　实验仪器

1. 温湿度计

在本实验中，温湿度计用于室内空气温度、室内相对湿度、室内露点温度的测量，如图 1-4 所示。

图 1-4　温湿度计

使用温湿度计测量时，应该排除周围环境对温湿度计的热辐射影响，防止出现误差。测量室内温度时，要将温湿度计固定在要测量的房间内，并使其处于工作状态，仪表要避免阳光直射并远离暖气片等热辐射设施。湿温度计要距地面 1.5 m 高的地方，读数时，每一测点要读取 3 次读数，每次读数的间隔时间为 10～15 min，读数的精确度应在 ±0.5 ℃之内。

2. 干湿球温度计

在本实验中，干湿球温度计用于室内空气干球温度与湿球温度的测量，如图 1-5 所示。

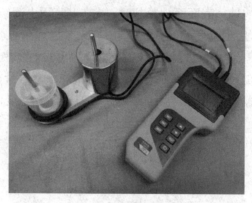

图 1-5　干湿球温度计

1）测试原理

干湿球温度计由两支相同规格的温度计组成,其中一支温度计的感温球包有湿润的纱布，叫湿球温度计，另一支叫干球温度计。当空气中的水蒸气尚未达到饱和状态时，湿球纱布上的水分就会不断蒸发，水分由液态变为气态的蒸发过程要吸收热量，所吸收的热量要从湿球本身及其周围的薄层空气中吸收过来。当湿球因蒸发所消耗的热量和从周围空气中获得的热量相平衡时，湿球温度就不再下降。这时湿球温度计的读数要低于干球温度计的读数，二者差值的大小取决于空气的潮湿程度。空气湿度愈小，水分蒸发愈快，湿球温度降低愈多，干湿球温度计的温度差也就愈大，反之亦然。如果空气中的湿度已经饱和，则蒸发趋于停止，湿球温度就不会下降，于是两支温度计测出的温度相同。当然，湿球蒸发的快慢除了直接受空气相对湿度大小的影响以外，还与当时的气压和风速有关。气压愈高、风速愈小，蒸发愈慢，反之，蒸发愈快。因此要根据干湿球温度计的温度差推算空气湿度时，还要考虑当时的气压和风速。

2）使用方法

干湿球温度计要置于室内通风良好、离地面 1.5 m 左右高度的地方。读数前要注意查看纱布湿润情况，湿球上的纱布必须经常保持湿润，如水分不足，应及时加水。为了获得准确的测量数据，防止误差，每项测量要重复进行 3 次，每次读数的间隔时间为 10～15 min，要求温度计读数的分度值小于 0.5 ℃，并将每次观测得的对应干、湿球温度计的读数记录在专用的记录表格上。

3. 热线式风速仪

在本实验中，热线式风速仪用于室内气流速度的测定，如图 1-6 所示。

图 1-6　热线式风速仪

1）测试原理

风速仪是一种能测低风速的仪器，其测定范围为 0.05～10 m/s。风速仪是由热球式测杆探头和测量仪表两部分组成，探头内绕有加热玻璃球用的镍铬丝圈和两个串联的热电偶，热电偶的冷端连接在磷铜质的支柱上，直接暴露在气流中。当一定大小的电流通过加热圈后，玻璃球的温度升高。升高的程度和风速有关，风速小时，升高的程度大，反之，升高的程度小。升高程度的大小通过热电偶在电表上指示出来。根据电表的读数查校正曲线，即可查出所测的风速。

2）使用方法

风速仪要放置于离地面 1.5 m 左右高度的地方。测量风速时要将探头拉出杆外，并将其对准风向，在风力的作用下玻璃球散热加强，引起球体温度下降，也就是热电偶热端的温度下降，从而流过微安表的电流增加。在热线式风速仪的表盘上可直接读出风速的大小，使用时配合 Smart Probe App，可方便查看测量数据文本及变化趋势。

4. 红外线辐射测温仪

在本实验中，红外线辐射测温仪用于室内壁面辐射温度的测量，如图 1-7 所示。

1）测试原理

红外线辐射测温仪由光学系统、光电探测器、信号放大器及信号处理、显示输出等部分组成。测温时，被测物体发射出的红外能量通过红外线辐射测温仪的光学系统汇聚其视场内的红外能量,红外能量聚焦在光电探测器上并转换为相应的电信号,该信号再经转换,变为被测目标的温度值,在液晶显示屏上显示出来。

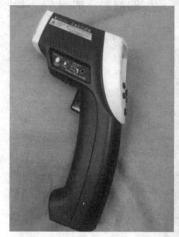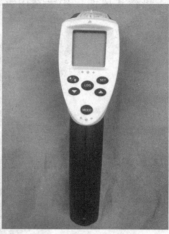

图 1-7 红外线辐射测温仪

2)使用方法

(1)测量目标温度时,将红外线辐射测温仪对准要测量的物体,按下 LOG 键,然后在液晶显示屏上读取温度值。从一系列读数中得到的最高温度值也将显示在新测取的温度值下。测温仪上有两种显示:Scan(扫描)或 Hold(保持)。Scan 表示正在测量温度,Hold 表示测量仪正在显示最后记录的温度值,按下 LOG 键后,最后的读数将被保持 7 s。

(2)需要在摄氏温度(℃)和华氏温度(℉)之间转换时,在按下 LOG 键的同时,按℃/℉转换键 D(约 2 s),直至转换数字出现在屏幕上为止。

(3)重调最后读数:红外线辐射测温仪在显示最后的读数时,通常保持 7 s 显示时间,7 s 后连续按 Mode 键(无须按 LOG 键),可以循环显示所有的模式并重读以前测定的温度值。在未扣扳机时,其显示数值为"只读"数值,当下次使用测温仪时,启动的第一个模式是重调时看到的最后一个模式。

1.2.2 实验步骤

(1)确定待测房间的分区与被测点位置。

(2)绘制被测房间测点分布平面图,表示测点位置(A~I)。

(3)依次测量被测点的室内空气温度、室内相对湿度、湿球温度、壁面辐射温度,以及不同状况下的实测气流速度,并将相关实测值填入相应的表格中,如表 1-2 至表 1-5 所示。

(4)对第(3)步中测量的数据进行测量误差和系统误差分析。

(5)绘制通风口位置与气流路线关系图。

(6)整理平均值,参考图 1-3 计算室内有效温度。

(7)分析该房间的热工参数,并评价室内热环境状况。

（8）实验误差分析。

表1-2　室内空气温度测量记录 单位：℃

测量次数	测量时间	A	B	C	D	E	F	G	H	I	平均值
1											
2											
3											

室内平均温度：

表1-3　室内相对湿度测量记录 单位：%

测量次数	测量时间	A	B	C	D	E	F	G	H	I	平均值
1											
2											
3											

室内平均相对湿度：

表1-4　湿球温度测量记录 单位：℃

测量次数	测量时间	A	B	C	D	E	F	G	H	I	平均值
1											
2											
3											

室内平均湿球温度：

表1-5　气流速度测量记录 单位：m/s

测量次数	测量时间	A	B	C	D	E	F	G	H	I	平均值
1											
2											
3											

室内平均气流速度：

1.2.3　实验分析与讨论

（1）根据计算结果，分析评价室内热环境状况及特点。

（2）根据实验现象，分析使用者对室内热环境的影响。

（3）试从建筑设计的角度对改善热环境提出一些建议。

1.2.4 实验注意事项

（1）正确选择测量距离与使用仪器。

（2）测得数据后，准确地应用相应的公式和图表。

（3）选择适合的仪器安放位置，注意排除周围环境对仪器的影响，防止出现误差。

1.2.5 国家相关标准与规范

（1）《民用建筑热工设计规范》（GB 50176—2016）。

（2）《民用建筑供暖通风与空气调节设计规范》（GB 50736—2012）。

1.3 实 验 思 考

（1）构成室内热环境的四项气候要素是什么？简述各个要素在冬（或夏）季在居室内是怎样影响人体热舒适感的。

（2）某采暖房间用温湿度计测得室内空气温度为 18 ℃，室内相对温度为 54.2%，试分析在什么情况下围护结构会出现结露现象？

实验 2   建筑气密性检测与评价

实验目的与要求

（1）了解建筑气密性检测的原理与意义。

（2）了解建筑围护结构气密性检测的方法及适用条件。

（3）通过测量理解建筑气密性对建筑能耗及室内环境舒适度的影响，了解加强建筑气密性的方法。

2.1   基 础 知 识

建筑气密性是指在建筑外门窗正常关闭的状态时，阻止空气渗透的能力。通常采用室内外空气绝对压力差值在 50 Pa 以下的房间每小时的换气次数，作为衡量一套房屋的气密性的指标。建筑物的空气渗透主要来自入口大门、外门窗和外围护结构中不严密的孔洞，如外建筑墙体上的一些穿墙管道及其他墙体孔洞等。

1. 提高建筑气密性的节能作用

随着建筑节能和检测技术的不断发展，人们已逐渐认识到建筑围护结构的气密性对建筑能耗的影响较大。使用气密性较差的建筑相当于在浪费采暖热量和空调冷量，尤其对于北方采暖建筑，空气渗透所产生的建筑能耗约占总建筑能耗的 1/4～1/3。有研究表明，在风压和热压的作用下，外窗气密性是影响建筑的重要控制性指标：外窗气密性等级越高，热损失越小。一般窗户的窗缝渗透量约为 $4.0 \text{ m}^3/(\text{m} \cdot \text{h})$，属于 1 级窗。若采用 3 级窗，房间冷风渗透热损失可减少 40%。若采用 4 级窗，房间冷风渗透热损失可减少 60%～70%；若采用 5 级窗，则房间冷风渗透热损失可减少 80%。若施工时窗框和窗洞之间密封良好，冷风渗透热损失取决于窗的气密性等级。在华北地区，典型多层住宅通过门窗缝隙的空气渗透热损失约占总能耗的 23%，加强窗户的气密性是节约采暖能源的关键环节。有研究者曾针对宁波地区的建筑进行气密性测试，结果发现，当建筑的换气次数从 1 次/h 减小到 0.1 次/h，全年空调能耗不变时，全年采暖能耗减小 77%，全年耗电量减小 15%。可见，提高外窗气密性对减少居住建筑全能耗电量效果较明显。Potter 等人曾研究英国办公建筑，结果发现若减少 63%的空气渗透量，每年可以降低采暖能耗 300 MJ/m^2。Emmerich 等人曾研究美国的办公建筑，结果发现若提高气密性，使得渗风量从 0.17～0.26 次/h 减少到 0.02～0.05 次/h，相较于未提高气密性的情况，可以节约 40% 的燃气量和 25% 的用电量。如果能将房间的漏气地方修补好，住户一般可以节省 5%～35% 的电费。

对需要采暖的地区，提高气密性能够减少热量散失，降低采暖需要的能耗，这对于建筑节能有重要的意义，但并非建筑气密性越高越好。这是因为，高气密性将会影响进入室内的新风渗透量，容易造成空气流通不畅，不能保证室内卫生换气要求。例如，夏季室内外温差小，从室外渗入室内的风所带来的空调负荷占总负荷比例很小，提高气密性对于减少空调能耗作用不大。当过渡季可以利用自然通风调节室内环境时，高气密性反而不利于通风，采用自然通风更有利于节能。因此，合理的建筑围护结构的气密性对建筑节能意义重大。

进行建筑气密性检测时，在一定压力差下计算出的渗漏流量可以和不同的参考数值进行比较。例如，经常使用的 n_{50} 值是以建筑物内部空气体积作为参考数值的。n_{50} 值说明了当室内外空气绝对压力差为 50 Pa 时，整个建筑物内部空气体积在 1h 内的交换次数，即每小时的空气渗透量占建筑总内部空间的比例。换气次数按 $N=q/v$ 计算，其中 q 为空气流量，v 为建筑换气体积。德国的气密性测试方法是依据德国标准化学会发布的标准《建筑物热性能　建筑物空气渗透率测定　风扇增压法》（EN 13829：2000）。该标准规定：对于无通风及空调设施的建筑，$n_{50} \leqslant 3.0\ h^{-1}$；对于有通风及空调设施的建筑，$n_{50} \leqslant 1.5\ h^{-1}$；对于被动房，$n_{50} \leqslant 0.6\ h^{-1}$。在北欧国家，由于冬季更寒冷，对建筑气密性要求更高，如瑞典，对建筑气密性要求 $n_{50} \leqslant 0.3\ h^{-1}$。表 2-1 为欧洲部分国家低能耗建筑气密性规定。

表 2-1　欧洲部分国家低能耗建筑气密性规定

国家	建筑节能类型	气密性/h^{-1}
瑞典	低能耗建筑	—
	被动房	≤0.3
	零能耗建筑	≤0.3
挪威	低能耗建筑	≤0.1
	被动房	≤0.6
丹麦	低能耗建筑 1 级	≤1.5
	低能耗建筑 2 级	≤1.5
	被动房	≤0.6
芬兰	低能耗建筑	≤0.8
	被动房	≤0.8
德国	低能耗建筑	≤1.0～1.5
	被动房	≤0.6
奥地利	低能耗建筑（国家资助）	自然通风：≤3 机械通风（无热回收系统）：≤1.5
	被动房（国家资助）	≤0.6
英国	被动房	≤0.6 h

2. 提高建筑外窗气密性的方法

在建筑围护部件的总能耗中,通过外窗而损失的热量和冷量是不容忽视的,因此在建筑节能设计中,往往通过调整建筑的窗墙面积比,控制建筑朝向,合理选用窗框材料,尽量选用节能型窗玻璃,以及增强窗户的气密性等措施来减少能耗。由建筑外窗空气渗透的机理出发,可以从以下几个方面来提高建筑外窗气密性。

(1)提高窗用型材的规格、尺寸稳定性及组装时的准确度,尽量增加开启缝隙部位的搭接量,这样就可以减少开启缝的宽度,从而达到减少空气渗透的目的。

(2)对于已有的建筑,可以通过加设密封条的方式对现有气密性差的门窗进行处理,这样便可以改善气密性以防冷风渗透。

(3)在选择窗型时,尽量优先考虑固定窗,其次考虑平开窗,最后考虑推拉窗,从而达到减少空气渗透的目的。

(4)在玻璃与窗框或者窗框与窗洞等连接部位处要改进密封方法,目前国内主要采用双级密封方法,窗的空气渗透量达到 1.6 m³/(m·h),然而国外普遍采用三级密封方法,使窗的空气渗透量降低到了 1.0 m³/(m·h),因此应逐步向三级密封方法靠拢。

在实际的建筑设计中,应注意各种密封方法和密封材料的互相配合,提高外窗的安装技术,保证质量。然而值得注意的是,虽然提高建筑外窗的气密性可以达到降低能耗的目的,但也并非越高越好,至少应保证一定的换气量。

3. 相关概念

1)新风量

新风量是指单位时间内引入空气调节房间或系统的新鲜空气量,单位为 m³/h。我国《室内空气质量标准》(GB/T 18883—2002)规定,每人所需新风量不应小于 30 m³/h。

关于新风量的调查研究,西方国家早在 20 世纪 90 年代初就已开始。从对加拿大、美国、西欧、南美 85 栋室内空气质量(indoor air quality,IAQ)较差的建筑的调查结果看,在导致 IAQ 较差的所有原因中,新风量不足排在第一位,占 57%;其次是室内污染源增多。美国国家职业安全与卫生研究所(National Institute for Occupational Study and Health,NIOSH)的调查也表明,在室内空气影响人体健康的几大因素中,通风不良占 48%。

我国是在 2003 年发生非典时才开始真正关注新风量的,2020 年,新冠肺炎疫情的爆发使得新风量再次成为大家关注的焦点。北京市卫生局对北京 80 家公共场所的空气质量进行抽查,结果 90% 属于严重污染。在天津市首次空气质量调查活动中,对 50 家室内空气污染严重的单位和家庭进行了检测,结果发现大多数室内空气污染物(甲醛、苯、氨、氡等)并没有超标。为什么在众多空气污染物都没有超标的情况下,室内空气仍然污染严重呢?经调查发现,其共同的特点是通风不好,即新风量不足。人们往往知道影响室内空气质量的主要是装修建材和家具,却不知道新风量对室内空气质量的影响也很大。人们每天要消耗 12 kg 的新鲜空气,相对于水和食品来说,空气是人体最大的消耗品,而人们 70%~80% 的时间都是在室内度过的,所以保证室内有充足的新鲜空气是现代城市人们身体健康的第一选择。

　　综合考虑换气次数和最少新风量两个因素，针对体育场馆、大型会议厅、影院等建筑，可根据上座率，并结合换气次数确定新风量选型。对于大型商场，可以按中央空调系统总送风量的 30%确定新风量进行选型。对于工厂、车间等有毒、有害物散发场所，按稀释浓度所需风量确定新风量，结合换气次数进行选型。公共建筑主要房间每人所需最小新风量应符合表 2-2 规定，高密度人群建筑每人所需最小新风量应符合表 2-3 规定。

表 2-2　公共建筑主要房间每人所需最小新风量　　　　单位：m³/（h·p）

房间类型	新风量
办公室	30
客房	30
大堂、四季厅	10

表 2-3　高密度人群建筑每人所需最小新风量　　　　单位：m³/（h·p）

建筑类型	人群密度 P_F/（p/m²）		
	$P_F \leq 0.4$	$0.4 < P_F \leq 1$	$P_F > 1$
影剧院、音乐厅、大型会议厅、多功能厅	14	12	11
商场、超市	19	16	15
博物馆、展览厅	19	16	15
公共交通等候室	19	16	15
歌厅	23	20	19
酒吧、咖啡厅、宴会厅、餐厅	30	25	23
游戏厅、保龄球房	30	25	23
体育馆	19	16	15
健身房	40	38	37
教室	28	24	22
图书馆	20	17	16
幼儿园	30	25	23

　　注：参照《民用建筑供暖通风与空气调节设计规范》（GB 50736—2012）。

　　2）换气次数

　　换气次数等于房间送风量除以房间体积，单位是次/h。换气次数的大小不仅与空调房间的性质有关，也与房间的体积、高度、位置、送风方式及室内空气变差的程度等许多因素有关，是一个经验系数。设置新风系统的居住建筑和医院建筑，所需最小新风量宜按换气次数确定。不同人均居住面积下居住建筑换气次数宜符合表 2-4 规定，医院建筑换气次数宜符合表 2-5 规定。

表 2-4　不同人均居住面积下居住建筑设计最小换气次数　　　单位：次/h

人均居住面积 S/m^2	换气次数
$S \leqslant 10$	0.70
$10 < S \leqslant 20$	0.60
$20 < S \leqslant 50$	0.50
$S > 50$	0.45

表 2-5　医院建筑设计最小换气次数　　　单位：次/h

房间类型	换气次数
门诊室	2
急诊室	2
配药室	5
放射室	2
病房	2

3）空气渗透量

空气渗透量是单位时间通过房间或试件的空气量，单位为 m^3/h。

4）附加空气渗透量

附加空气渗透量是除试件本身的空气渗透量以外，通过设备和试件与测试箱连接部分的空气渗透量，单位为 m^3/h。

5）单位缝长（面积）渗透量

在标准状态下，单位时间通过单位缝长（面积）的空气量即为单位缝长（面积）的渗透量，单位为 $m^3/(m \cdot h)$。

2.2　实验内容

在检测建筑物气密性方面，鼓风门测试法在国际上得到了普遍认可。本实验利用建筑气密性测试系统检验建筑围护结构整体气密性，检测外门窗或局部面积的空气渗漏情况。其中，为准确找到建筑围护结构漏气的位置，实验中将配合使用红外热像仪，从温度分布推断建筑隐藏的问题，如墙皮剥落、裂缝、墙壁渗漏、节能材料施工是否到位等。

2.2.1　实验仪器

1. 建筑气密性测试系统

在本实验中，该测试系统用于空气渗透量的测试与换气次数（自然渗透率）的计算。该系统包括鼓风门系统（3型）、数字式压力表、风扇控制器、配套软件及其他相关附件。

建筑气密性测试系统如图 2-1 所示。

图 2-1   建筑气密性测试系统

1）测试原理

房间的气密性测试主要是通过比较被测房间（腔体）内外的空气压力来计算出房间的气密性。测试时通过鼓风机对房间进行加压和减压，使房间内外有一个压力差，产生空气流动，然后利用流量计得到流量，从而计算出房间内通过不同大小的洞流到外面的空气量；或者利用加压设备对被测腔体进行加压，结合加压到设定压力的时间，根据公式推算出渗漏面积，从而评估出房间（腔体）的气密性。

测试数据处理的基本公式如下：

$$Q = C \cdot P^n \tag{2-1}$$

$$N = Q_0 / V \tag{2-2}$$

加压：
$$Q_0 = Q \cdot \rho_{out} / \rho_{in} \tag{2-3}$$

减压：
$$Q_0 = Q \cdot \rho_{in} / \rho_{out} \tag{2-4}$$

式中：Q——通过风扇的空气流量，m^3/h；

C、n——常数，与建筑围护结构本身气密性有关；

P——室内外空气压力差，Pa；

N——空气渗透换气次数，h^{-1}；

Q_0——空气渗透量，m^3/h；

V——测试房间体积，m^3；

ρ_{in}——室内空气密度，kg/m^3；

ρ_{out}——室外空气密度，kg/m^3。

必须指出，建筑的气密性要求是相对的，建筑围护结构并不是一个密不透风的屏障。事实上，最新的建筑技术也无法建造一个具有绝对气密性的围护结构。建筑气密性的指标必须从建筑的功能要求、建造成本高低等多个因素，经过综合考虑而确定。通过对既有建筑气密性测试的总结,可以给出如下建议:对于普通建筑物,在保证室内有足够的通风换气次数的情况下,将气密性指标设定一个上限值,如设定换气次数为 3.0 次/h;对于采用了机械送风系统的建筑物,可以将空气换气次数的上限值设定为 1.5 次/h。要实现这样的标准,建设方除了要选用气密性较高的门窗产品之外,建筑墙体的穿墙管道等细部节点必须进行精细的密封设计。

为了减小自然状态下的室内外风压和热压对测试结果的影响,保证测试数据能代表特定压差下的建筑围护结构的气密性,对室外测试条件应有严格的限定。通过对现场实测数据的对比分析,确定现场测试条件如下:

(1) 室外风力小于 3 级,风速仪测试风速小于 3 m/s(实验表明,风速大于 3 m/s 时,由于风速的波动,易造成测试数据的不稳定);

(2) 室外温度范围为 5~35 ℃为宜;

(3) 测试时关闭房间门窗,密封所有洞口。

2)使用方法

(1) 安装门框。

最好将门框安装在房间的门口,使楼梯或其他影响空气流通的障碍物远离风扇的进风口。如果门口与走廊或车库相通,则保证车库和走廊的窗户或门开着,使空气流通。门框的安装过程如下。

① 将门框上梁与立柱连接牢固,如图 2-2 所示。注意将门框上梁上的锁扣扣入到立柱的缺口中卡死,保证门框的牢固。

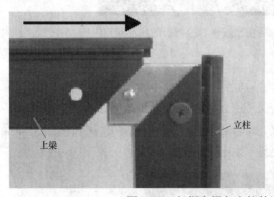

图 2-2　门框上梁与立柱的连接

② 安装完毕后,调整门框的宽度,使得铝合金门框边缘与被测门框正好贴紧,但是不易过紧,以保证易拆装。安装完毕后,将螺旋的锁扣锁紧。

③ 将门框中间的横梁卡到门框的立柱上,注意要将搭扣先套在横梁上,以便于下面风扇的悬挂。

④ 调整门框的高度,最后将锁扣锁紧。调整好门框大小以后,将门框取下,安装门板。

(2) 安装尼龙门板。

将尼龙门板展开,套到门框上,并将尼龙门板周围的黏性锁扣绕过门框,粘好,并将密封门安装完毕(如图 2-3 所示)。系统中的绿色塑胶软管从门板的底部穿出,通到建筑物外，同时保证软管外端远离风扇的进风口（如图2-4所示）。塑胶软管安装完毕后，可将密封门安装在被测门框上，将螺旋锁扣的扳手顺时针扳动，将密封门固定。

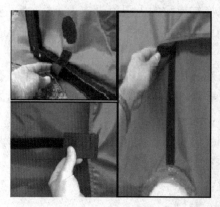

图2-3 门板安装图

图2-4 绿色塑胶软管从门板的底部穿出

（3）安装鼓风机。

将鼓风机的能量环全部取下，然后放到尼龙面板下方的圆缺口中。排风口面向尼龙面板，缺口必须紧紧贴在鼓风机上以保证密封性能。鼓风机的把手在密封门内侧，用搭扣将鼓风机的把手与中间的横梁固定好。此时必须保证鼓风机挂在门框横梁上，即保证鼓风机的所有重量都在横梁上，鼓风机离地（如图2-5所示）。

图2-5 鼓风机安装

（4）安装仪表系统。

将红色塑胶软管一端连到 2 通道的输入口，另一端连在风扇上；将绿色塑胶软管连到 1 通道，另一端连到室外。

（5）部件相互连接。

首先，将系统自带的串口线与 USB 数据线连接，将串口线安装到仪表系统上端的串口中，将 USB 接口连入计算机；其次，将风扇控制器的电源线接到风扇电源上，将红色塑胶软管接到风扇电源盒上的接口处，如图 2-6 所示。

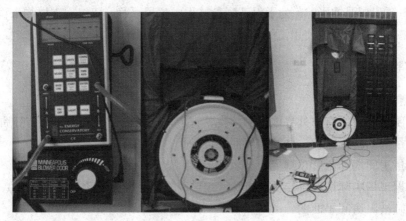

图 2-6　部件相互连接

（6）打开电脑配套软件，按照提示开始测试。

2. 红外热像仪

本仪器用于配合气密性测试系统找出渗漏点，仪器外形如图 2-7 所示。

图 2-7　红外热像仪

1）测试原理

所有高于热力学温度 0 K（-273 ℃）的物体都会发出红外辐射。当建筑室内气压和外面有偏差时，会产生空气流动，空气会经过房间的洞口流出与流入。该处由于有空气流动，其温度会跟其他地方不同。例如室内温度较高，增压时热空气被排到外面，那些洞口由于有热空气不断流出，温度则会比较高，利用红外热像仪便可捕捉具体漏气地方。

红外热像仪的工作原理是使用光电设备来检测和测量辐射，并在辐射与表面温度之间建立相互联系。红外热像图与物体表面的热分布场相对应。通俗地讲，红外热像仪就是将物体发出的不可见红外能量转变为可见的热图像，热图像上面的不同颜色代表被测物体的不同温度。通过查看热图像可以观察到被测目标的整体温度分布状况，研究目标的发热情况，从而进行下一步工作的判断。

2）使用方法

红外热像仪的使用方法详见仪器使用说明书。当在户外工作时，请务必考虑太阳反射和吸收对图像和测温的影响。为了保证测量过程中仪器平稳，建议用支撑物来稳定，或将仪器放置在物体表面，或使用三脚架。

2.2.2 实验步骤

（1）测前准备。

① 封闭房间内所有与外界连通的门窗、管道，同时关闭换气扇、空调等通风设备。

② 测量房间楼板面积、体积、表面积等参数。

③ 测量房间内外温度和湿度，并做好记录。

④ 根据现场实际情况确定检测方法，组装建筑气密性测试系统。

⑤ 绘制被测房间平面图。

（2）打开电脑配套软件进行相关操作。

① 填写相关信息，如楼板面积、体积、表面积、室内外空气温度等。

② 设定测试模式（正压或负压），自定义采样压力值（15～60 Pa，每 5 Pa 取一个采样值）。

③ 根据鼓风机型号选定风扇信息。

④ 根据提示要求，将鼓风机密封，测量环境本底压力。

⑤ 测量完毕后，根据房间大小选择流量环，并将鼓风机相应的环取下，进行测试。

⑥ 待风扇停止转动后，将鼓风机封闭，重新进行环境本底压力测量。

⑦ 输出检测结果。

（3）利用红外热像仪寻找漏气点。

（4）依据标准现场，评价测试对象的气密性和分级。

（5）整理测试结果并填写表 2-6。

表 2-6　建筑物渗漏测试

测试数据：	测试文件：	测试者：
待测房间：	建筑物地址：	

在 50 Pa 下的测试结果

空气流量（m³/h）：
每小时空气改变次数（次/h）：
渗漏区域：

续表

建筑物渗漏曲线： 测试标准： 设备： 测试模式： 室内空气温度（℃）： 室外空气温度（℃）：	房间体积（m³）： 房间表面积（m²）： 房间楼板面积（m²）：

注释			
数据点：	减压：		
建筑物压差（Pa）：	风扇压力（Pa）：	经温度校准的流量（m²/h）：	风扇流量（m²/h）：

2.2.3 实验分析与讨论

（1）对照相关标准检验建筑物的空气渗透量。

（2）估算房间的换气次数。

（3）依据标准现场评价测试对象的气密性和分级。

（4）实验误差分析。

2.2.4 实验注意事项

（1）进行检测时，必须保证建筑物在密封条件下。

（2）密封门门框应保证安装牢固，并与被测门框紧密接触；鼓风机应与尼龙门板下方的圆缺口紧密接合，保证密封性能；鼓风机必须挂在密封门门框横梁上，保证鼓风机的所有重量都在横梁上，并离地。

（3）测量房间体积时，对于房间内体积较大的物体或结构要做适当扣除，同时注意加上架空地板或天花吊顶部分的体积。

（4）测试过程中保持门窗紧闭，而且工作人员必须远离进风口，否则将使进风量的测量出现较大的偏差甚至造成测量错误。

（5）鼓风门系统附近严禁放有其他杂物，鼓风机不得反转进行检测。

2.2.5 国家相关标准与规范

（1）《建筑外门窗气密、水密、抗风压性能分级及检测方法》（GB/T 7106—2008）。

（2）《建筑外门窗气密、水密、抗风压性能检测方法》（GB/T 7106—2019）于 2020 年 11 月 1 日实施。

2.3 实 验 思 考

（1）请简述对建筑进行气密性检测的原因与好处。

（2）请列举提高建筑气密性的措施。

实验 3   建筑墙体传热系数测试与评价

实验目的与要求

（1）了解建筑墙体传热基本原理，理解基本概念。

（2）了解实验原理，掌握热电偶测温方式与热流计原理及使用方法，并能初步掌握建筑热工实测的基本方法。

（3）通过测量，加强对建筑墙体保温隔热构造做法的理解。

3.1   基 础 知 识

建筑围护结构的热工性能是建筑节能的重要组成部分，直接影响整个建筑的节能效果。从建筑传热耗热量的构成来看，外墙所占比例最大，外墙保温性能的好坏在很大程度上决定着整个围护结构节能性能的优劣，必须对围护结构的墙体设计给予足够的重视。为了提高建筑墙体的节能性能，国家于 2008 年颁布实施了新的检测标准《绝热   稳态传热性质的测定   标定和防护热箱法》（GB/T 13475—2008）。随着节能建筑和绿色建筑在建设行业的大力推广，以及一系列建筑节能相关政策的颁布实施，越来越多的检测机构开展了墙体保温性能实验室检测技术，因而掌握这门检测技术越来越重要。

1. 建筑墙体传热原理

传热是自然界普遍存在的现象，当有温度差时就会有传热，而热量总是自发地从高温物体传向低温物体。冬季，在设有供暖系统的建筑物中，室内温度高于室外温度，因而就产生了由室内向室外的传热，通过建筑物围护结构各部分（外墙、地板、屋顶、窗等）所损失的热量由供暖设备来补充，以保证室内温度要求；夏季，在设有空气调节系统的建筑物中，室内温度低于室外温度，于是产生由室外向室内的传热，传入室内的热量被空气调节系统中的制冷设备带走，使室内保持所需的温度。

在建筑物的传热过程中，墙体传热主要由室内外空气温度差引起，如图 3-1 所示。如果 $t_i > t_e$，在不考虑室内外温度变化的情况下（作为稳定传热来考虑），室内热空气的热量通过墙体内表面、墙体和墙体外表面传给了室外空气。

建筑墙体传热的整个过程分为三个阶段，包含了三种方式：传导、对流与辐射。

第一阶段，室内空气和墙体内表面的传热。

室内空气温度和墙体内表面温度分别为 t_i，θ_i，若 $t_i > \theta_i$，此时靠近墙体内表面的空气因被墙体内表面冷却后容重增加而下沉，室内容重较小的热空气便不断地向墙体表面补充，这种通过流体的流动把热量从一处传递到另一处的传热方式，称为对流换热。

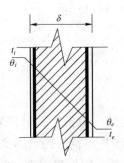

δ—建筑物厚度，mm；t_i—室内空气温度，℃；θ_i—墙体内表面温度，℃；

θ_e—墙体外表面温度，℃；t_e—室外空气温度，℃

图3-1　建筑物的传热过程

第二阶段，墙体内部进行的传热。

墙体内、外表面温度分别为为 θ_i，θ_e，若 $\theta_i > \theta_e$，则热量由内表面传向外表面，此时的传热是通过墙体材料分子热运动而引起的，这种传热方式称为导热或热传导。

第三阶段，墙体外表面和室外空气的传热。

墙体外表面和室外空气温度分别为 θ_e，t_e，若 $\theta_e > t_e$，墙体外表面对室外空气有一个放热的过程，这同样也是对流换热，但是室外空气的流动主要不是由温度差引起的，而是由风力造成的，这种在外力作用下空气所产生的流动称为受迫运动或受迫对流。

对于墙体内表面与室内各物体及墙体外表面与周围环境，当它们之间温度不同时，还存在辐射传热，辐射传热不需要物体的直接接触，而靠电磁波来传播热能的。例如，太阳是一个超高温的气团，它的表面温度高达 6 000 K 左右，这个超高温气团的表面就是发射太阳辐射的热源。太阳依靠辐射传热的方式将热能传到地面上来，并通过围护结构传入室内。尤其是在夏季，太阳辐射强度较大，对空调建筑的传热有很大的影响。

2. 相关概念

1）传热系数

传热系数是指在稳定传热条件下，围护结构两侧空气温差为 1 ℃时，1 s 内通过 1 m² 面积传递的热量，符号为 K，单位为 W/（m²·K）或 W/（m²·℃）。传热系数不仅和材料性能有关，还和具体的传热过程有关。

2）热流强度

热流强度也称热流密度、热通量，是单位时间内通过物体单位面积上的热量，单位为 W/m²。在稳定传热过程中，通过平壁任一界面的热流强度与导热系数、内外表面温差成

正比，而与壁厚成反比。用公式可表示为

$$q = \frac{\lambda}{d}(\theta_i - \theta_e)$$ （3-1）

式中：q——热流强度，W/m^2；

λ——材料的导热系数，$W/(m \cdot K)$；

θ_i——墙体内表面温度，℃；

θ_e——墙体外表面温度，℃；

d——墙壁厚度，m。

3）热阻

热阻是衡量围护结构保温能力的一个指标，单位为（$m^2 \cdot K$）/W。在两侧空气温差相同的情况下，总热阻越大，通过围护结构的热量越少，即围护结构保温性能越好。外围护结构的总热阻为围护结构热阻与两表面换热阻之和，用公式可表示为

$$R_0 = R_i + \sum R + R_e$$ （3-2）

式中：R_0——总热阻，（$m^2 \cdot K$）/W；

R_i——内表面换热阻，（$m^2 \cdot K$）/W；

R_e——外表面换热阻，（$m^2 \cdot K$）/W；

$\sum R$——围护结构各层材料热阻之和，（$m^2 \cdot K$）/W。

3.2 实验内容

围护结构的传热系数是建筑设计工作者在进行建筑热工设计时所需掌握的重要热工指标之一，对于某栋实际建成的建筑物，其围护结构的传热系数（热阻）不仅与组成材料的导热系数有关，而且与其构造、材料含湿态、砂浆性能和砌筑质量等有关。墙体传热系数的测定，按场所不同可分为现场检测和实验室检测。现场检测墙体传热系数一般采用热流计法，可按《围护结构传热系数现场检测技术规程》（JGJ/T 357—2015）的要求进行检测。实验室检测墙体传热系数一般采用防护热箱法和标定热箱法，《绝热 稳态传热性质的测定 标定和防护热箱法》（GB/T 13475—2008）对防护热箱法和标定热箱法的测定方法和仪器要求都有具体的规定。在本实验中，采用防护热箱法测试墙体试件的传热系数，并评价墙体的保温性能。

3.2.1 实验仪器

1. 建筑围护结构保温性能检测设备

本实验中，该设备用于测量墙体传热系数，设备外形如图3-2所示，设备组成示意图如图3-3所示。该设备由热箱、冷箱、试件架三部分组成，各箱采用锁扣锁紧，全部

带脚轮,可任意移动。试件架用来安放检测材料,冷箱的后半部包括压缩机组、制冷恒温装置等部件。对于热箱部分,除加热箱体外,还配精密控温仪一台,12 V 直流电源一台,供均热风扇用,另配三条连接电缆。

图 3-2 建筑围护结构保温性能检测设备

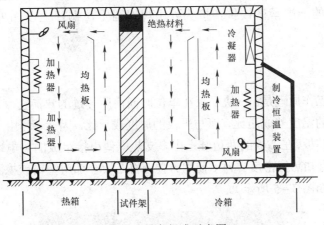

图 3-3 设备组成示意图

当热流通过测试墙体时,由于其热阻的存在,在厚度方向的温度梯度为衰减过程,使该墙体内外表面具有温差,利用温差与热流之间的对应关系可进行传热系数的测定。该设备利用温度传感器采集计量箱和冷箱的空气温度,利用功率传感器采集通过计量箱的加热电功率,并将加热电功率看作通过墙体的热流,并通过数据处理计算出该墙体的传热系数,从而判定建筑是否达到节能标准要求。

2. 多通道温度与热流巡回检测仪

在本实验中,该检测仪用于配合测量墙体热流与壁面两侧温度,如图 3-4 所示。

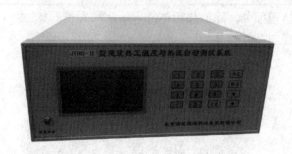

图 3-4　多通道温度与热流巡回检测仪

3. 温度传感器

在该实验中，温度传感器即热电偶。热电偶是温度测量仪表中常用的测温元件，它直接测量温度，并把温度信号转换成热电动势信号，通过电气仪表（二次仪表）转换成被测介质的温度。热电偶测温的基本原理是两种不同成分的材质导体组成闭合回路，当两端存在温度梯度时，回路中就会有电流通过，此时两端之间就存在电动势。热电偶制作时，根据使用情况剪取适宜长度的铜线和康铜（含 40%镍、1.5%锰的铜合金）线，将两线的一端紧密铰接，接头处用焊锡固定在铜片上以加大与试件的接触面积，便于黏附。

4. 热流计片

热流计片的工作原理是：一块平板在单位时间内所导过的热流密度，与平板材料的热导率和平板两面的温度差成正比，而与平板的厚度成反比。因此，利用一小块已知厚度和热导率的平板做芯板,在芯板的两边装上由多支热电偶串接组成的热电堆来测量芯板两面的温度差，即可得知热流密度。为了使用方便，将芯板全部用塑料或橡胶封装，并做成各种板状检测片（如图 3-5 所示）。

图 3-5　热流计片

3.2.2　实验步骤

（1）安装待测试件。

试件架用来安放被测试件，四周用聚苯乙烯填实，并确保密封，在被测材料两表面做粉刷层。

（2）测点位置的确定。

测点位置不应靠近热桥、裂缝和有空气渗漏的部位，不应受加热、制冷装置和风扇的直接影响。

（3）热流计片和温度传感器的安装。

① 热流计片应直接安装在被测围护结构的内表面上，且与表面完全接触。

② 温度传感器（热电偶）应安装在被测试件的两侧表面。内表面温度传感器应靠近热流计片安装，外表面温度传感器宜在与热流计片相对应的位置安装。温度传感器连同0.1 m 长引线应与被测表面紧密接触，传感器表面的辐射系数应与被测表面基本相同。

（4）连接仪器。

① 将建筑围护结构保温性能检测设备与多通道温度与热流巡回检测仪进行线路连接。

② 冷、热箱连线，将冷、热箱同试件架合上，接口处锁紧，各仪器电源接入。

③ 温度设定。进行冷箱与热箱温度的设定，观察温度和热流的变化，直到显示值相对稳定。所谓稳定，即温度的变化幅度较小，而且上下波动，没有明显的上升或下降的趋势。

（5）设备运行。

（6）绘制墙体试件内、外表面温度随时间变化图及墙体试件热流密度随时间变化图。

（7）整理计算结果，将相关实验数据填入表 3 – 1。

表 3 – 1　建筑传热数据

内表面温度平均值/℃	外表面温度平均值/℃	热流强度平均值/（W/m²）	内表面换热阻/[（m²·K）/W]	外表面换热阻/[（m²·K）/W]	热阻/[（m²·K）/W]	传热系数/[W/（m²·K）]

3.2.3　实验分析与讨论

（1）评价检测墙体的保温性能。

（2）实验误差分析。

3.2.4　实验注意事项

（1）冷箱开机时，应选用单压缩机工作。

（2）热箱开机时，先开风扇，关机时，先关控温仪，后关风扇。

（3）双机工作时间不宜过长，一般4～6h为限。

（4）经常注意两箱冷却风扇的工作状况，如冷箱压缩机冷却风扇停转，应立即关机，以防压缩机烧毁。

（5）试验结束后，打开冷箱，用干布把冷凝水擦干，以待下次再用。

（6）若传热系数波动幅度为±0.01 W/（m^2·K），检测结果准确可靠。

3.2.5　国家相关标准与规范

《绝热　稳态传热性质的测定　标定和防护热箱法》（GB/T 13475—2008）。

3.3　实验思考

（1）建筑围护结构的传热过程包括哪几个基本过程，共包含几种传热方式？分别简述其要点。

（2）已知室内空气温度为16 ℃，室外空气温度为−8 ℃，图3−6中为墙体构造，计算平壁各层界面温度（含室内外壁面温度）。已知内表面换热阻$R_i = 0.11$（m^2·K）/W，冬季外表面换热阻$R_e = 0.04$（m^2·K）/W，墙体构造层次由室内到室外分别是石灰砂浆内粉刷（$\lambda_1 = 0.81$ W/（m·K），厚度 20 mm）、黏土砖砌体（$\lambda_2 = 0.81$ W/（m·K），厚度240 mm）、水泥砂浆外粉刷（$\lambda_3 = 0.93$ W/（m·K），厚度20 mm）。

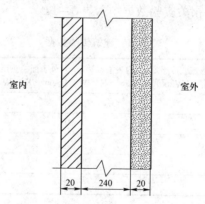

图3−6　墙体构造（单位：mm）

实验 4　建筑材料导热系数测试与评价

实验目的与要求

（1）了解建筑材料导热的基本原理，理解基本概念。

（2）了解实验原理，能初步掌握建筑材料导热系数测量的基本方法。

（3）由于产地、加工方法等不同，同一类材料的热物理指标也有很大不同，通过实测，进一步加强对建筑材料热物理性能及相关指标的理解。

4.1　基　础　知　识

1. 常用保温隔热材料的导热系数

导热系数是在稳定条件下，1 m 厚物体的两侧表面温差为 1 ℃时，在 1 h 内通过 1 m² 面积所传导的热量，符号为λ。导热系数越大，表明材料的导热能力越强。不同物质的导热系数各不相同，相同物质的导热系数与其自身的结构、密度、湿度、温度、压力等因素有关。同一物质的含水率低、温度较低时，导热系数较小。一般来说，固体的热导系数比液体的大，而液体的热导系数又要比气体的大。这种差异很大程度上是由于这两种状态分子间距不同所导致的。

1）固体的导热系数

在所有固体中，金属是最好的导热体。一般来说，温度越高，金属的导热系数越小。同时，金属的纯度对其导热系数影响很大，如含碳为 1%的普通碳钢的导热系数为 45 W/（m·K），而不锈钢的导热系数仅为 15 W/（m·K）。对于非金属固体材料，如大部分建筑用材料，其导热系数一般均低于金属材料。常用固体材料的导热系数如表 4–1 所示。

表 4–1　常用固体材料的导热系数

固体材料	温度/℃	导热系数/［W/（m·K）］
铝	300	230
铜	100	377
熟铁	18	61

续表

固体材料	温度/℃	导热系数/［W/（m·K）］
铸铁	53	48
银	100	412
钢（w_C=1%）	18	45
不锈钢	20	16
石墨	0	151
石棉板	50	0.17
石棉	0～100	0.15
耐火砖		1.04
保温砖	0～100	0.12～0.21
建筑砖	20	0.69
绒毛毯	0～100	0.047
棉毛	30	0.050
玻璃	30	1.09
软木	30	0.043

2）液体的导热系数

金属液体的导热系数高于非金属液体。在非金属液体中，水的导热系数最大。对于绝大多数液体（除水和甘油），温度升高，其导热系数下降。一般来说，溶液的导热系数小于纯液体的导热系数。常见液体的导热系数如表4-2所示。

表4-2　常见液体的导热系数

液体	温度/℃	导热系数/［W/（m·K）］
醋酸（50%）	20	0.35
苯	30	0.16
氯化钙盐水（30%）	30	0.55
乙醇（80%）	20	0.24
甘油（60%）	20	0.38
甘油（40%）	20	0.45
正庚烷	30	0.14
水银	28	8.36
硫酸（90%）	30	0.36
硫酸（60%）	30	0.43
水	30	0.58

注：括号中的数为质量百分浓度。

3）气体的导热系数

通常温度升高，气体的导热系数下降，在通常压力范围内，气体的导热系数随压力变化很小，一般工程计算中常可忽略压力对气体的导热系数的影响。常见气体的导热系数如表 4-3 所示。

表 4-3 常见气体的导热系数

气体	温度/℃	导热系数/〔W/（m·K）〕
氢	0	0.17
二氧化碳	0	0.015
空气（0℃）	0	0.024
空气（20℃）	100	0.029
甲烷	0	0.029
水蒸气	100	0.025
氮	0	0.024
乙烯	0	0.017
氧	0	0.024
乙烷	0	0.018

4）绝热材料

绝热材料的导热系数与温度、湿度、组成及结构的紧密程度有关。我国国家标准规定，导热系数不大于 0.2 W/（m·K）的材料称为保温材料，而把导热系数在 0.05 W/（m·K）以下的材料称为高效保温材料。墙体常用保温隔热材料的种类及其特点如表 4-4 所示。

表 4-4 墙体常用保温隔热材料的种类及其特点

材料名称	导热系数/〔W/（m·K）〕	性能特点
膨胀聚苯板（EPS 板）	0.038～0.041	保温效果好，价格便宜，强度稍差
挤塑聚苯板（XPS 板）	0.028～0.03	保温效果更好，强度高，耐潮湿，价格贵，施工时表面需要处理
岩棉板	0.041～0.045	防火，阻燃吸湿性大，保温效果不稳定
胶粉聚苯颗粒保温浆料	0.057～0.06	阻燃性好，可废品回收，对基层要求不高，保温效果不理想，对施工要求高
聚氨酯发泡材料	0.025～0.028	防水性好，保温效果好，强度高，价格较贵

2. 多孔材料的导热系数

多孔材料的主要物理特征是孔隙尺寸极其微小，比表面积很大。多孔材料的这些表面物理特征，使其成为一种具有优异的阻尼、渗透、隔声和绝热等性能的功能材料，日益被广泛应用于民用、军用结构材料中。多孔材料不仅具有多种优异的性能，而且制造工艺简单。因此，国内外许多研究机构把多孔材料作为新型工程材料进行研究。导热系数是研究多孔材料的一个重要基础参数,能够获得比较准确的导热系数对多孔材料的研究将有很大的帮助。对于多孔材料,其导热系数的影响因素很多,除了多孔材料本身的性质以外,还受环境因素和传热方式等的影响,主要影响因素如下。

1)材料类型

对于不同类型的多孔材料,其外部特征和理化性质都有较大差别,导热系数也不同。对于物质构成不同的多孔材料,其物理热性能也不同,隔热机理存在区别,其导热性能或导热系数也就各有差异。即使对于同一物质构成的多孔材料,内部结构不同,或生产的控制工艺不同,其导热系数的差别有时也很大。对于孔隙率较低的多孔材料,结晶结构的导热系数最大,微结晶结构的次之,玻璃体结构的最小。但对于孔隙率高的多孔材料,由于气体(空气)对导热系数的影响起主要作用,而固体部分无论是晶态结构还是玻璃态结构,对导热系数的影响都不大。

2)温度

材料的导热系数与温度的关系是比较复杂的,很难从数量上详细地概括导热系数在温度影响下的变化情况。一般来说,材料的导热系数随温度的升高而增大。因为温度升高时,材料固体分子的热运动增强,同时材料孔隙中空气的导热和孔壁间的辐射作用也有所增加。但这种影响在0~80 ℃温度范围内并不显著,因此,在一般房屋围护结构的热工建筑中,都不考虑温度变化对导热系数的影响。只有对处于高温或负温下的材料,才要考虑采用相应温度下的导热系数。对于大多数材料来说,导热系数与温度的关系近似于线性关系,可表示为

$$\lambda_t = \lambda_0 + \delta_t t \qquad (4-1)$$

式中:λ_0——材料温度为 0 ℃时的导热系数,W/(m·K);

λ_t——材料温度为 t 时的导热系数,W/(m·K);

t——温度,℃;

δ_t——当材料温度升高 1 ℃时,导热系数的增值。

3)湿度

所有的保温材料都具有多孔结构,容易吸湿。当含湿率大于 5%~10%时,材料吸湿后湿气占据了原被空气充满的部分气孔空间,引起其有效导热系数明显升高。多孔介质中的水以固、液、气三种状态的任何一种存在,都会对其导热系数产生非常重要和复杂的影响。材料吸湿受潮后,其导热系数就会增大,这在多孔材料中最为明显。这是由于当材料的孔隙中有了水分(包括水蒸气)后,因水的导热系数为 0.58 W/(m·K),比空气的导热系数 0.029 W/(m·K)大 20 倍左右,这样孔隙中蒸汽的扩散和水分子的热传导将起主要传热作用。如果孔隙中的水结成了冰,由于冰的导热系数为 2.33 W/(m·K),其结果使材料的导热系数更加增大。故多孔材料在应用时必须注意防水避潮。

4)孔隙率

孔隙率是指多孔介质内的微小空隙的总体积与该多孔介质的总体积的比。在孔隙率相同的条件下,孔隙尺寸越大,导热系数越大。具有互相连通型孔隙的材料比具有封闭型孔隙的

材料的导热系数高。材料内封闭孔隙率越高，则其导热系数越低。在孔隙率相同的条件下，孔隙尺寸越大，导热系数就越大。

5）容重

容重是材料孔隙率的直接反应，由于气相的导热系数通常均小于固相导热系数，所以一般用于保温的多孔材料往往都具有很高的孔隙率，即具有较小的容重。一般情况下，增大孔隙率或减少容重都将导致导热系数的下降。密度小、孔隙率大的多孔材料的导热系数小。对于纤维材料，其纤维的直径、孔隙率和黏结剂的用量等对其性能有显著的影响。当使用温度高时，密度高一些的材料的导热系数反而低，所以有一个选择最佳容重的问题。当密度较小时，其导热系数随密度的增加而降低，然后再随密度的增加而升高，对应于最小导热系数的密度值称为最佳密度。

6）粒径及粒径分布

常温时，松散颗粒型材料的导热系数随材料粒径的减小而降低。粒径大时，颗粒之间的孔隙尺寸增大，其孔隙间空气的导热系数必然增大。因此，粒径越小，其导热系数受温度变化的影响越小。多孔材料的粒径大小直接影响它的密度、孔隙率和孔隙大小，这些特征直接影响多孔材料的导热系数，而粒径分布的连续性也同样会影响多孔材料的导热系数。

实验表明，粒径连续性较好的多孔材料的颗粒间接触较好，而粒径连续性差的多孔材料的颗粒间接触较差，接触良好时的热阻较接触较差时的热阻小，因此多孔材料的导热系数随粒径分布的连续性变好而增大。

7）热流方向

导热系数与热流方向的关系，仅仅存在于各向异性的多孔材料中。对于各向异性的多孔材料，如木材等纤维质材料，当热流平行于纤维方向时，热流受到阻力越小，材料的导热系数越大；而当热流垂直于纤维方向时，热流受到的阻力越大，材料的导热系数越小。纤维质材料的纤维排列分为纤维方向与热流向垂直及纤维方向与热流向平行两种情况。一般情况下，纤维保温材料的纤维排列是后者或接近后者，同样密度条件下，其导热系数要比其他形态的多孔质保温材料的导热系数小得多。

4.2　实　验　内　容

在本实验中，利用导热系数测定仪测量建筑材料的导热系数。

4.2.1　实验仪器

实验中所使用的建筑材料导热系数测定仪是按照《绝热材料稳态热阻及有关特性的测定　防护热板法》（GB/T 10294—2008）设计的，用于测量各种绝热保温材料及非良导热材料的导热系数，设备外形如图 4-1 所示。仪器的测量原理为稳态测量平板法，采用晶体管稳压电源加热主加热器和自动跟踪的护加热器。温度及功率测量采用高精度数字电压表。这种仪器属于稳态测量，测量结果比较稳定可靠，尤其适用于测量成型纤维状多层复合材料的导热系数。

图 4-1　建筑材料导热系数测定仪

4.2.2　实验原理

在该实验中，测定建筑材料导热系数的方法为稳定热流法。稳定热流法的基本原理是将材料试件置于稳定的一维温度场中，根据稳定热流强度、温度梯度和导热系数之间的关系确定材料的导热系数 λ，关系式为

$$\lambda = \frac{qd}{t_1 - t_2} \tag{4-2}$$

式中：q ——稳定热流强度，W/m^2；

d ——试件的厚度，m；

t_1 ——材料试件热面的温度，℃；

t_2 ——材料试件冷面的温度，℃。

通过测定稳定状态下流过计量单元的一维恒定热流量，计量单元的面积，试件的厚度，试件冷、热表面的温差，便可计算出试件材料的导热系数。

当加热器的热量向试件导入，随时间的不断延长，热面的温度 t_1 和冷面的温度 t_2 不再随时间发生变化时，加热器的热量稳定地沿试件方向导出，这时可视为稳定导热。根据

傅里叶定律

$$q = -\lambda \frac{d_t}{d_x} \quad\quad (4-3)$$

积分得

$$Q = \frac{\lambda}{d} F(t_1 - t_2) \quad\quad (4-4)$$

式中：Q——加热器导出的热量，W；

$\quad\quad F$——加热器平板面积，m²；

$\quad\quad \lambda$——试件的导热系数，W/（m·K）；

$\quad\quad d$——试件的厚度，m；

$\quad\quad t_1$——材料试件热面的温度，℃；

$\quad\quad t_2$——材料试件冷面的温度，℃。

而通过加热器平板的热量是按加热器平板面积大小向试件方向导出的，所以加热器发出的热量 Q 为

$$Q = IU \quad\quad (4-5)$$

式中：I——加热器电流，A；

$\quad\quad U$——加热器电压，V。

为了实现上述要求，仪器加热板由一台晶体管稳压电源加热，护加热板由温度跟踪器控制加热，由装在主加热板和护加热板上的温差热电堆给出偏差值。经过一段时间后，主、护加热板的温度不再随时间发生变化时，就是原理中所述的稳定导热。对于低导热系数（$\lambda > 0.1$），热电势变化的绝对值小于 $4\,\mu V / h$。满足上述条件者，可以确定为稳定导热过程。

为了精确测量主加热板的电发热量 Q，用数字电压表测量与主加热板串联的 $0.01\,\Omega$ 标准电阻上的电位差，算得电流，当稳定导热已经建立后，将 I，U，t_1，t_2 代入式（4-4）、式（4-5）便可求出导热系数。

4.2.3 实验步骤

（1）准备 300 mm×300 mm 试件一块，厚度 $d \leqslant 50$ mm。对于硬质材料试件，其表面不平度应小于厚度的 ±2%。测定可压缩试件时，在试件的四个周边垫入小截面低导热系数的支柱，以限制试件的压缩。

（2）从主体上取下有机玻璃罩和保温套，移动冷却单元，将试件紧靠着加热器平板，移动冷却单元，使试件与加热器平板接触，然后拧紧压力装置，使试件与加热器平板紧密结合，装上保温套及有机玻璃罩。

（3）打开智能化仪表开关，当仪表巡检一周后，按下功能选择键"S"，选"10"和"11"，输入被测试件的厚度 d 及热板的控温温度值，具体操作见仪器说明书。

（4）开启工作台前板开关，温度显示器显示冷板水槽内的温度，将拨动开关指向"预置"，调节"预置"旋钮，使之与热板的温差在 10～40 K 之间，此时显示器显示冷板的控

温点温度，然后将开关置于"控温"，开始制冷。

（5）首先将控制开关置于"手动"，调节电压旋钮。初始加热时，通常可选用较高的电压，使热板升温较快。当热板温度接近设定温度时，将控制开关拨向"自动"，使热板控温温度在 ±0.2 ℃内变化。

（6）监测热流计输出热电势的变化，其变化值小于 ±1.5%时，仪器进入稳定状态，此时，每隔 15 min 打印一次，连续四组读数给出的热阻差值不超过 ±1%且不是单调地朝一个方向改变时，实验结束。

（7）实验数据采集齐后，就可以进行实验测试数据的整理，可将相关数据填入表 4 - 5 中。

表 4 - 5　导热系数测试记录

测试时间	冷箱控温温度/℃	热箱控温温度/℃	热侧热流计表面温度/℃	冷侧热流计表面温度/℃	热阻/[(m²·K)/W]	导热系数/[W/(m·K)]

4.2.4　实验分析与讨论

（1）评价检测材料的导热性能。

（2）实验误差分析。

4.2.5　实验注意事项

（1）热板温度不得高于 150 ℃，否则将使加热板等损坏。

（2）恒温水浴水槽内应注入蒸馏水，加热器内不得进水。

（3）测试过程中避免室温有大的波动。

（4）仪器可连续使用。

（5）流量计浮子不能浮起时，可将冷板水平放置几秒钟，水流即可正常。实验结束关机后，应将流量计阀门关闭。

4.2.6　国家相关标准与规范

（1）《绝热　稳态传热性质的测定　标定和防护热箱法》（GB/T 13475—2008）。

（2）《民用建筑热工设计规范》（GB 50176—2016）。

（3）《采暖居住建筑节能检验标准》（JGJ 132—2001）。

4.3　实　验　思　考

（1）简要论述导热系数与传热系数的区别。
（2）多孔材料的导热系数主要受哪些因素影响。

第 2 篇　建筑光学实验

实验 5　建筑室内照明测试与评价

实验目的与要求

（1）通过对室内工作面上各点照度的测量，检验照明设施与所规定标准的符合情况。

（2）检验已建成房屋人工照明的效果，进行各种照明设施的照明比较。

（3）初步掌握常用仪器的性能和使用方法。

5.1　基　础　知　识

照明是指利用各种光源照亮工作和生活场所或个别物体的措施。利用太阳和天空光进行照明称为天然采光，利用人工光源进行照明称为人工照明。照明的首要目的是创造良好的可见度和舒适愉快的环境。

1. 人工照明环境

人工照明就是利用各种人造光源的特征，通过灯具造型设计和分布设计，造成特定的人工光环境。从光环境需要来看，不仅要求光线均匀，还应避免过强、过弱、反差过大的眩光。光线宜柔和而含蓄，而且应稳定，不宜频繁变化。人工照明不仅要解决照明亮度的需求，而且还要创造出丰富的光环境。人工照明具有以下意义。

第一，补充天然采光的不足。在天然采光无法到达或无法满足要求的空间，只能依赖人工光源实现照明，主要是采用各种形态的电气照明灯具。

第二，天然采光受自然环境条件变化影响较大，非常不稳定，特别是夜间无法利用天然采光。这时的人工照明不是对天然采光的补充，而是完全的取代。

第三，人工照明是可控照明，完全可以按人们的意愿去设计和安置灯具，控制照度，以收到理想均匀的照明效果。

第四，人工照明在某些公共建筑领域，其主要目的已不局限于照明，而是通过灯光创造某种特殊的光环境效果。譬如公共建筑的共享空间、会客厅、歌舞厅、会议厅等，已将照明、光环境设计和空间艺术效果融为一体，成为现代室内设计的重要组成部分。

由于光源的革新及装饰材料的发展，人工照明已不是只满足室内生活照明、工作照明的需要，而是进一步向环境照明、艺术照明发展。它在商业建筑、居住建筑及大型公共建筑的室内环境中，已成为不可或缺的室内设计要素。

人眼对视觉光环境进行优劣评价的主要参照因素是环境的亮度差异，但是，规定亮度水平相当复杂，它涉及各种物体不同的反射特性。因此，在大量的设计实践中还要以光环境的照度作为环境照明的数量指标。国际照明委员会对不同作业和活动推荐了照度标准，对每种作业也规定了照度范围，以便于设计人员根据具体情况选择适当的数值。我国在建筑照明方面的全面通用标准是《建筑照明设计标准》（GB 50034—2013）。

良好的建筑光环境的设计意义在于，为人们创造良好的视觉舒适性，既要有足够的照度水平，还要保证在视野中没有眩光的干扰。良好的建筑光环境设计应满足以下要求。

（1）整个室内空间保持足够的照度，且照度分布比较均匀，使室内各个位置具有相近的光照条件。

（2）眩光控制。室内尽可能具有较为柔和的光线，避免直射光进入眼睛。

（3）保持照度稳定。当室内照度受天气影响出现不稳定状态时，适时开启人工光源，辅助天然采光。

（4）考虑将天然采光和人工照明结合起来使用，适时地关掉或降低人工照明，既可以照亮建筑，又能节约照明用电。

（5）保持室内亮度分布平衡。

2. 相关概念

1）绿色照明

绿色照明是节约能源，保护环境，有益于提高人们生产、工作、学习效率和生活质量，保护身心健康的照明。

2）视觉作业

视觉作业指在工作和活动中，对呈现在背景前的细部和目标的观察过程。

3）照度

照度表示受照面明亮程度的物理量。表面上其一点的照度定义为入射在此点所在面元上的光通量与该面元面积的比值。在数值上，它等于投射在单位面积上的光通量。在国际单位制中，照度的单位为勒克斯，符号为 lx。1 lx 等于 1 lm 的光通量均匀分布在 1 m² 被照面上的照度。照度是以垂直面所接受的光通量为标准，若倾斜照射，则照度下降。表 5-1 至表 5-5 为部分建筑照明标准值。

表 5-1 居住建筑照明标准值

房间或场所		参考平面及其高度	照度标准值/lx	显色指数
起居室	一般活动	0.75 m 水平面	100	80
	书写、阅读		300*	80
卧室	一般活动	0.75 m 水平面	75	80
	阅读		150*	80

房间或场所		参考平面及其高度	照度标准值/lx	显色指数
餐厅		0.75 m 餐桌面	150	80
厨房	一般活动	0.75 m 水平面	100	80
	操作台	台面	150*	80
卫生间		0.75 m 水平面	100	80

注：*宜用混合照明。

表 5-2　办公建筑照明标准值

房间或场所	参考平面及其高度	照度标准值/lx	显色指数
普通办公室	0.75 m 水平面	300	80
高档办公室	0.75 m 水平面	500	80
会议室	0.75 m 水平面	300	80
接待室、前台	0.75 m 水平面	300	80
营业厅	0.75 m 水平面	300	80
设计室	实际工作面	500	80
文件整理、复印、发行室	0.75 m 水平面	300	80
资料、档案室	0.75 m 水平面	200	80

表 5-3　图书馆建筑照明标准值

房间或场所	参考平面及其高度	照度标准值/lx	显色指数
一般阅览室	0.75 m 水平面	300	80
国家、省、市及其他重要图书馆的阅览室	0.75 m 水平面	500	80
老年阅览室	0.75 m 水平面	500	80
珍善本、舆图阅览室	0.75 m 水平面	500	80
陈列室、目录厅（室）、出纳厅	0.75 m 水平面	300	80
书库	0.75 m 水平面	50	80
工作间	0.75 m 水平面	300	80

表 5-4　学校建筑照明标准值

房间或场所	参考平面及其高度	照度标准值/lx	显色指数
教室	课桌面	300	80
实验室	实验桌面	300	80
美术教室	桌面	500	80
多媒体教室	0.75 m 水平面	300	80
教室黑板	黑板面	500	80

表5-5　商业建筑照明标准值

房间或场所	参考平面及其高度	照度标准值/lx	显色指数
一般商店营业厅	0.75 m水平面	300	80
高档商店营业厅	0.75 m水平面	500	80
一般超市营业厅	0.75 m水平面	300	80
高档超市营业厅	0.75 m水平面	500	80
收款台	台面	500	80

4）照度均匀度

规定表面上的最小照度与平均照度之比即为照度均匀度。

公共建筑的工作房间和工业建筑作业区域内的一般照度均匀度不应小于0.7，而作业面临近周围的照度均匀度不应小于0.5。房间或场所内的通道和其他作业区域的一般照明照度值不宜低于作业区域一般照明照度值的1/3。

5）反射比

在入射辐射的光谱组成、偏振状态和几何分布给定的状态下，反射的辐射通量或光通量与入射的辐射通量或光通量之比即为反射比，符号为ρ。对于长时间工作的房间，其表面的反射比宜按表5-6选取。

表5-6　长时间工作的房间表面的反射比

表面名称	反射比
顶棚	0.6～0.9
墙面	0.3～0.8
地面	0.1～0.5
作业面	0.2～0.6

6）照明功率密度

照明功率密度为单位面积上的照明安装功率，单位为 W/m²。

7）维护系数

照明装置在使用一定周期后,在规定表面上的平均照度或平均亮度与该装置在相同条件下新安装时在同一表面上所得到的平均照度或平均亮度之比即为维护系数。在照明设计时,应根据环境污染特征和灯具擦拭次数从表5-7中选定相应的维护系数。

8）室形指数

室形指数表示房间几何形状的数值,是反映房间比例关系与光源光通量利用程度的一个量,其计算公式为

$$R_{\mathrm{I}} = \frac{LW}{H_{\mathrm{rc}}(L+W)} \tag{5-1}$$

式中：R_{I}——室形指数；

L ——房间长度，m；

W ——房间宽度，m；

H_{rc} ——从工作面以上到灯具出光口位置的距离（如图 5-1 所示），m。

表 5-7 维护系数

环境污染特征		房间或场所举例	灯具最少擦拭次数/（次/年）	维护系数值
室内	清洁	卧室、办公室、餐厅、阅览室、教室、病房、客房、仪器仪表装配间、电子仪器装配间、检验室等	2	0.80
	一般	商店营业厅、候车室、影剧院、机械加工车间、机械装配车间、体育馆等	2	0.70
	污染严重	厨房、锻工车间、铸工车间、水泥车间等	3	0.60
室外		雨棚、站台等	2	0.65

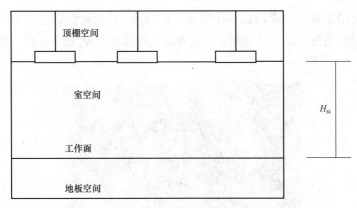

图 5-1 室内空间的划分

5.2 实 验 内 容

在本实验中测量室内工作面平均照度，并测量计算室内各表面上的反射系数，评价被测房间的照明质量。

5.2.1 实验仪器

1. 照度计

本实验中使用照度计测量室内工作面平均照度，照度计如图 5-2 所示。测量时先用大量程挡数，然后根据指示值大小逐步找到需要的量程挡数，原则上不允许在最大量程的1/10 范围内测定。待指示值稳定后方可读数。

图 5-2　照度计

2. 多通道照度测试系统

本实验中使用多通道照度测试系统测量多点照度，并同时测试室内外照度，量程自动切换，多通道同时采集、自动显示和记录、存储。该系统包括采集主机、照度传感器，如图 5-3 所示。

图 5-3　多通道照度测试系统

5.2.2　实验步骤

（1）记录室内照明基本信息，将相关数据填入表 5-8 中。

表 5-8　室内照明基本信息

场所名称			视觉工作内容	
房间尺寸 （长×宽×高）		光源种类	灯具挂高/m （距工作面）	
照明方式		光源功率/W	灯具污染情况	
灯具类型		光源数量	灯具擦洗情况/（次/年）	
灯具台数/台		总功率/W	遮挡情况	
照明功率密度值/（W/m²）			房间污染情况	

（2）布置测点。

国家标准《照明测量方法》（GB 5700—2008）中规定，对于一般工作照明，测定工作面上的平均照度要采用中心布点方法，即将测量区域划分成大小相等的方格（或接近方格），测量每个方格中心的照度 E_i，然后把所有的方格测点的照度值累加起来，依据式（5-2）求出它的算术平均值，即为测量区域的平均照度 E_{av}：

$$E_{av} = \frac{1}{n}\sum_{i=1}^{n}E_i \qquad (5-2)$$

式中：E_{av}——测量区域的平均照度，lx；

$\quad\quad E_i$——每个测量网格中心的照度，lx；

$\quad\quad n$——测量方格数，即测点数。

测量方格大小的划分应视待测房间面积的大小而定，面积较大的房间或工作区可取边长为 2～4 m 的正方形方格；对于面积较小的房间，可取面积为 1 m² 的正方形方格；遇到走廊、通道、楼梯等长方形的工作区域，则在它们的长度方向的中心线上按 1～2 m 间隔布置测点。

对于局部照明，可在需要照明的地方设置测点进行测量。当测量场所狭窄时，选择其中有代表性的一点；当测量场所广阔时，可按上述一般工作照明的布点方法进行测量布点。

测量结果的精确程度显然跟测点数的多少有关，测点数越多，要求方格网的尺寸越小，得到的平均照度值会更精确，但花费的时间和精力也要更多。如果由测量获得的平均照度的误差控制在 ±10% 的范围以内，则允许减少测点数以减轻测量工作量，但允许的最少测点数要根据室形指数来确定。由室形指数控制的室内照明最小测点数可参见表 5-9。

表 5-9 室内照明最小测点数与室形指数的关系

室形指数	测点数
<1	4
1～<2	9
2～<3	16
≥3	25

基于以上测量信息，绘制室内测点布置图。

（3）室内工作面照度的测量。

① 测量开始前要把测量范围内的照明用灯全部打开，白炽灯需照明 5 min，荧光灯需照明 15 min，高强气体放电灯（高压汞灯、高压钠灯、金属卤化物灯等）需照明 30 min 以上，待各种光源的光输出达到稳定状态后再进行测量。对于新安装的灯泡，只有在经过一段时间的使用之后（气体放电灯要使用 100 h 以上，白炽灯要使用 20 h 以上），才能作

为测量用的光源。测量时还要排除其他无关光源的干扰。

② 用照度计测量。为了提高测量的准确性，每一个测点要读取三次读数。为此，要用手遮挡接收器数次来获得多次读数，每次读数时要等待电表的指示值稳定后再进行。

（4）室内表面反射系数的测量。

室内的反射表面包括墙壁、天棚、地面和大面积的室内家具表面等，它们对室内工作面的照度有一定程度的影响。为了便于分析室内的照明效果，有必要在照度测量的同时对室内各反射面的反光系数进行实测。

室内表面反射系数可通过测量被测表面的照度而间接得出。

当用间接法测定室内表面反射系数时，要选择不受直接光照射的表面位置。首先将照度计的接收器紧贴被测表面的某一位置，使感光面朝外，测出自室内灯具射出的光通量所产生的入射照度 E，然后将接收器的感光面对准同一被测表面原来的位置，从墙面开始逐渐向外平移，照度计的读数由小变大而后趋于稳定。如果把照度计再往外移，读数反而下降，则应在读数趋于稳定时读取反射照度 E_ρ，这时接收器距墙面的距离约为 200～400 mm。反射系数测量图如图5-4所示。

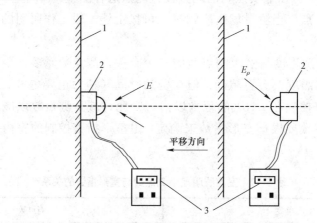

1—被测表面；2—接收器；3—照度计
图5-4 反射系数测量图

当反射照度 E_ρ 和入射照度 E 测出后，可按下式计算所测表面的反射系数 ρ：

$$\rho = \frac{E_\rho}{E} \times 100\% \qquad (5-3)$$

式中：E_ρ——反射照度，lx；

E——入射照度，lx。

测量表面应选择亮度比较均匀而有代表性的部分，在每一种待测表面上要选取 3～5 个测点进行测定，然后求出它的算术平均值作为该表面的反射系数值。

（5）整理测试数据，可将相关数据填入表5-10至表5-12中。

表 5–10　室内工作面照度测量数据　　　　　　　　　　　　（单位：lx）

测量点		1	2	3	4	5	6	7	8
实测值	1								
	2								
	3								
平均值									
测量点		9	10	11	12	13	14	15	16
实测值	1								
	2								
	3								
平均值									
统计结果		最小照度 $E_{min}=$				平均照度 $E_{av}=$			
		最大照度 $E_{max}=$				照度均匀度 $E_{min}/E_{av}=$			

（说明：具体测点数根据室形指数确定。）

表 5–11　室内各表面反射系数测量记录表

测量点	测量时间	入射照度/lx	反射照度/lx	反射系数/%	平均反射系数/%
1					
2					
3					
4					
5					

平均反射系数：

表 5–12　室内各表面信息汇总

表面名称	材料	颜色	反射系数/%
墙面			
地面			
工作面			
黑板			

5.2.3 实验分析与讨论

（1）评价室内照明情况。

（2）实验误差分析。

5.2.4 实验注意事项

（1）照度测试时，要防止测试者人影和其他各种因素对接收器的影响。

（2）测量时，还要排除其他无关光源的干扰。

（3）读数时，需指示值稳定后再进行读数。

5.2.5 国家相关标准与规范

（1）《建筑照明设计标准》（GB 50034—2013）。

（2）《照明测量方法》（GB/T 5700—2008）。

5.3 实 验 思 考

（1）简述评价室内照明设计优劣的标准。

（2）将一个可看为点光源的灯从桌面上方 1 m 处竖直向上移动到桌面上方 2 m 处，计算桌面上的照度变为原来的多少倍。

实验 6 光源性能测量与评价

实验目的与要求

（1）光通量是光源的基本参数，通过实验，了解利用积分球检测光源光通量的方法与原理，理解光源发光特性。

（2）学会对所测光源的颜色、色调与色温进行定性分析，以提高对色彩的分析及处理能力。

6.1 基 础 知 识

光是一种人类眼睛可见的电磁波（可见光谱），它只是电磁波谱上的一段频谱（波长为 380～780 nm）。光由一种称为光子的基本粒子组成，具有粒子性与波动性（或称为波粒二象性）。衡量灯具发出的光的特性的主要参数有光通量、发光强度、照度、色温、显色性和发光效率。

1. 光通量

由于人眼对不同波长的电磁波具有不同的灵敏度，我们不能直接用光源的辐射功率或辐射通量来衡量光能量，必须采用以标准光度观察者对光的感觉量为基准的单位——光通量来衡量，即根据辐射对标准光度观察者的作用导出的光通量。光通量用符号 Φ 表示，单位为 lm。例如 100 W 普通白炽灯发出 1 179 lm 的光通量，40 W 日光荧光灯约发出 2 400 lm 的光通量。

2. 发光强度

发光强度，是指光源在给定方向的单位立体角中发射的光通量，表示光源在某球面度立体角（该物体表面对点光源形成的角）内发射出 1 lm 的光通量。发光强度用符号 I 标识，单位为 cd（坎德拉）。

前面说到的光通量是说明某一光源向四周空间发射出的总光能量，不同光源发出的光通量在空间的分布是不同的，这就需要引入发光强度的概念。例如悬吊在桌面上空的一盏 100 W 白炽灯，它发出 1 250 lm 光通量，但用或不用灯罩，投射到桌面的光线是不一样的。加了灯罩后，灯罩将往上的光向下反射，使向下的光通量增加，因此我们就感到桌面上亮一些。这例子说明只知道光源发出的光通量还不够，还需要了解它在空间中的分布状况，即光通量的空间密度分布。

例如，40 W 白炽灯正下方具有约 30 cd 的发光强度。而在它的上方，由于有灯头和灯座的遮挡，在这方向上没有光射出，故此方向的发光强度为零。如加上一个不透明的反射灯罩，向上的光通量除少量被吸收外，都被灯罩朝下面反射，因此向下的光通量增加，而灯罩下方立体角未变，故光通量的空间密度加大，发光强度由 30 cd 增加到 73 cd。

3. 照度

对于被照面而言，常用落在其单位面积上的光通量的多少来衡量它被照射的程度，这就是常用的照度。照度用符号 E 表示，单位为 lx。

照度是相对于被照地点而言的，但又与被照射物体无关。例如，在 40 W 白炽灯正下方 1 m 处的照度约为 30 lx，灯上加一个反射灯罩后，该处的照度就增加到 73 lx。又比如，阴天情况下，中午室外照度为 8 000～20 000 lx，而晴天情况下，中午在阳光下的室外照度可高达 80 000～120 000 lx。

4. 色温

当光源的颜色与完全辐射体（黑体）在某一温度发出的光色相同时，黑体的温度就叫光源的色温，单位为 K。

通常人眼所见到的光源的颜色是由 7 种颜色光谱组成，但其中有些光源的颜色偏蓝，有些则偏红，色温就是专门用来度量光源颜色的成分的。因为颜色细分可以有上百万种，而不是简单的"赤橙黄绿青蓝紫"，只有通过黑体在不同温度下辐射出的相应光线来定义颜色才最为科学。用以计算光线颜色成分的方法，是 19 世纪末由英国物理学家洛德·开尔文所创立的，他制定出了一整套色温计算法，而其具体设定的标准是基于以一黑体辐射器所发出来的波长。开尔文认为，将标准黑体加热，温度逐渐升高，光度亦随之改变。假定某一纯黑物体能够将落在其上的所有热量吸收而没有损失，同时又能够将热量生成的能量全部以"光"的形式释放出来的话，它便会因受到热力的高低而变成不同的颜色。例如，当黑体受到的热力温度为 500～550 ℃时，它就会变成暗红色；而当黑体受到的热力温度为 1 050～1 150 ℃时，它就变成黄色。因而，光源的颜色成分是与该黑体所受到的热力温度相对应的。只不过色温是用色温单位来表示，而不是用摄氏温度单位来表示。当黑体受到的热力使它能够放出光谱中的全部可见光波时，它就变成白色，通常我们所用灯泡内的钨丝就相当于这个黑体。

色温计算法就是根据以上原理，用 Ra 来表示受热钨丝所放射出光线的色温，单位为 K。根据这一原理，任何光线的色温相当于上述黑体散发出同样颜色时所受到的"温度"。因此，黑体加热至呈现红色时，其温度约为 527 ℃，即 800 K，其他温度影响光色变化。光色越偏蓝，色温越高；光色越偏红，则色温越低。在一天当中，日光的光色亦随时间变化：日出后 40 min，光色较黄，色温为 3 000 K；下午阳光雪白，色温上升至 4 800～5 800 K；日落前光色偏红，色温又降至 2 200 K。在光环境设计中，色温的选择要和照度结合起来，一般是低色温适合低照度，高色温适合高照度。人眼直接观察光源时所看到的颜色，称为光源的色表。光源色表分组如表6-1所示。

表 6-1 光源色表分组

色表分组	色表特征	相关色温/K	适用场所举例
I	暖	<3 300	客房、卧室、病房、酒吧、餐厅
II	中间	3 300～<5 300	办公室、教室、阅览室、诊室、检验室、机加工车间、仪表装配
III	冷	≥5 300	热加工车间、高照度场所

如上所述，如果把某一光源的颜色加热到绝对温度 3 000 K 时发出的光色完全相同，那么该光源的色温就是 3 000 K，它在 CIE1931 色品坐标图上的色品坐标为 $x=0.437$，$y=0.404$，这一点正好落在黑体轨迹上。色品图是个二维平面空间图，横轴为 x 轴，纵轴

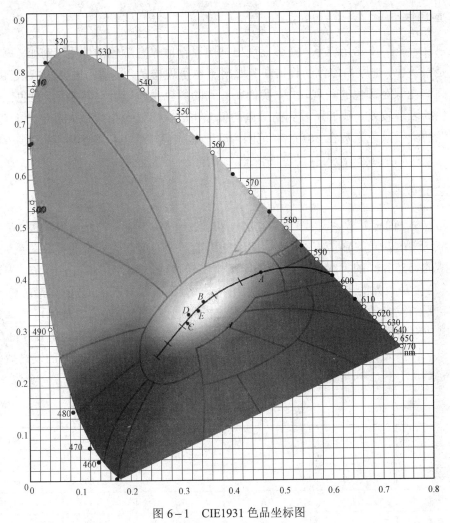

图 6-1 CIE1931 色品坐标图

为 y 轴，是为了适应人们习惯于在平面坐标系中讨论变量关系而设计出来的。在设计该图的过程中，进行了许多数学上的变换和演算。此图的意义和作用在于可对颜色进行定量表示，用（x，y）的坐标值来表示颜色。其中，x 表示与红色有关的相对量值，y 表示与绿色有关的相对量值，z 表示与蓝色有关的相对量值，并且 $z=1-(x+y)$。在图 6-1 中，舌形外围曲线是全部可见光单色光颜色轨迹线，每一点代表某个波长单色光的颜色，波长从 390 nm 到 760 nm，同时在曲线的旁边标注了一些特征颜色点的对应波长，如 510 nm、520 nm、530 nm 等。图 6-1 中各特征点的意义分别是：E 点表示等能白光点的坐标点，E 点是以三种基色光且以相同的刺激光能量混合而成的，但三者的光通量并不相等，E 点的色温值为 5 400 K；A 点表示国际照明委员会（CIE）规定一种标准白光光源的色度坐标点，色温值为 2 856 K；B 点表示 CIE 规定的一种标准光源坐标点，色温值为 4 874 K，代表直射日光；C 点表示 CIE 确认的一种标准日光光源坐标点（昼光），色温值为 6 774 K；D 点称为典型日光，色温值为 6 500 K。

5. 显色性

显色性，是指在此光线下，能够显现出被照射物体原有颜色的性质。例如，高压钠灯的光线是橙黄色，则原先白色的物体在其照射下也呈现橙黄色，颜色失真，则其显色性差。显色性高的光源对颜色的表现较好，我们所看到的颜色也就较近自然原色。显色性低的光源对颜色的表现较差，我们所看到的颜色的偏差也较大。显色指数最大值定为 100，通常认为光源的一般显色指数在 80～100 范围内时，其显色性优良；在 50～79 范围内时，其显色性一般；如小于 50，则其显色性较差。

6. 发光效率

发光效率，简称光效，表示 1 W 的能量能够转换成多少流明的光通量，单位是 lm/W。人眼对不同颜色的光的感觉是不同的，此感觉决定了光通量与光能量的换算关系。对于人眼最敏感的 555 nm 的黄绿光，1 W 的能量全部转换成波长为 555 nm 的光，光通量为 683 lm。这个是最大的光转换效率，也是定标值，因为人眼对 555 nm 的光最敏感。

电光源的发光效率，是指一个光源所发出的光通量与该光源所消耗的电功率之比。1 W 的电功率如果全部转换成 555 nm 的光，那么该电光源的发光效率就是 683 lm/W，但如果有一半转换成 555 nm 的光，另一半变成热量损失了，那么该电光源的发光效率就是 341.5 lm/W。表 6-2 为常见光源的参数对比。

表 6-2 常见光源的参数对比

	白炽灯	荧光灯	金卤灯	LED 灯	无极灯
发光效率/（lm/W）	10	50	80	60	70
寿命/h	1 000	5 000	8 000	50 000	60 000
功率因数	1	0.6	0.9	0.95	0.98
显色指数	60	70	80	≤80	≤80

	白炽灯	荧光灯	金卤灯	LED 灯	无极灯
色温/K	2 000	5 000	6 000	4 000～6 000	2 700～6 400
启动时间	瞬间	3 s	3 min	快	瞬间
再启动时间	瞬间	3 s	10～30 min	快	瞬间
频闪	有	有	明显	有	无
受电压变化影响	大	较大	较大	较小	无
受温、湿度影响	小	较大	大	小	较小

6.2　实　验　内　容

利用积分球、标准光源测定待测光源的光通量，并定量表示光源颜色。

6.2.1　实验仪器

1. 积分球

测定光源光通量的主要设备是积分球，仪器外形如图 6-2 所示。积分球是由两个半球壳体合拢而成的空心圆球，球的直径 D 可为 1～5 m，其最小尺寸可视被测灯的尺寸大小而定，一般以不小于被测灯尺寸的 6 倍为宜。积分球构造示意图如图 6-3 所示。

图 6-2　积分球

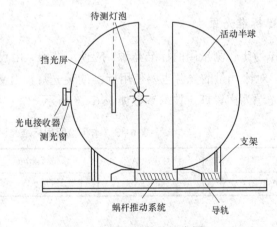

图 6-3　积分球构造示意图

积分球的内壁上要涂刷具有均匀扩散性质的白色涂料，涂料的反射率 ρ 为 0.8。球壳的每边各开设一个测光窗，用来安装测光装置——照度计的接收器。测光窗里要加设一个可变光阑，调节光阑上的调整螺钉可以控制光电池上接收的光通量大小，借以扩大设备的测光范围。光阑关闭后还可对光电池起保护作用，避免光电池在不使用时长时间在强光下曝光而造成它的灵敏度降低。

在积分球球心处设有能固定光源的接线灯架，在球心与测光窗之间，距球心为 1/3 球半径处装置一块挡光屏。挡光屏的大小，应刚能遮蔽测光窗，使光源的直射光线不能进入测光窗。挡光屏面对测光窗的一面必需涂刷与球内表面相同的涂料，而另一面则涂以能获得最大反射率的涂料。

各种待测光源在光通量测定前需有足够的点亮时间，测定时要在额定电流下预热 3～5 min，待光流稳定后才能进行照度测量。

2. 色度计（含配套软件）

色度计用于色品坐标、光照度和相关色温的测量，可对应于不同的光源进行精密色度校准，使其针对不同对象的测量具有极高的检测精度。色度计如图 6-4 所示。

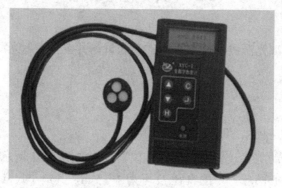

图 6-4   色度计

3. 标准光源

作为比较测量用的标准光源，应使用 II 级，由直流稳压电源供电。如果待测光源是荧光灯，对比测量的光源也要使用标准的荧光灯，由交流稳压电源供电。在本实验中，所用标准光源为卤素灯，技术参数如表 6-3 所示。

表 6-3   本实验所用标准光源的技术参数

灯号	灯电流/A	总光通量/lm	色坐标	色温/K
050110-A	3.428	376.2	x=0.447 2，y=0.407 0	2 858

6.2.2   实验原理

积分球是一个空心圆球体，其内表面具有良好的均匀扩散反射性能，其内壁各处的照度大小相等。在球壳内部的中心处放置光源，光源发出的总光通量为 Φ，球内壁表面的反射率为 ρ，且 ρ<1。对球壁上任一点来说，当球心处光源发出的光通量向四周空间均匀发射时，球壁上任何一处都将获得直射光形成的照度和反射光形成的照度，积分球测量光通

量原理图如图 6-5 所示。

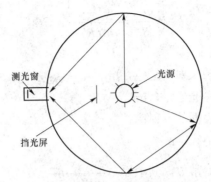

图 6-5 积分球测量光通量原理图

直射光形成的直接照度为

$$E_d = \frac{\Phi}{S} = \frac{\Phi}{4\pi R^2} \tag{6-1}$$

式中：E_d——由光源直接照射在球内壁上产生的照度，lx；

  Φ——光源发出的光通量，lm；

  S——积分球的内表面积，当球半径为 R 时，球内表面积 $S = 4\pi R^2$，m^2。

光通量 Φ 投射到球体内壁上以后，由于壁面材料的反射率很大，虽有少量光流被壁面吸收，但绝大部分光流将被壁面反射，反射光通量为 $\rho\Phi$。这部分反射光照到球壁上形成的照度叫作一次反射光照度 E_{R1}，且

$$E_{R1} = \frac{\rho\Phi}{4\pi R^2} \tag{6-2}$$

同理，还会产生二次、三次和多次反射光。每增加一次反射，被反射的光通量将是前一次的光通量与壁面的反射率 ρ 的乘积。经过 n 次反射后，作用在球壁上的总光通量 Φ_0 应是直射光通量 Φ_d 与各次反射光通量叠加后的总和：

$$\Phi_0 = \Phi_d + \rho\Phi + \rho^2\Phi + \cdots + \rho^n\Phi = \Phi_d + \Phi(\rho + \rho^2 + \rho^3 + \cdots + \rho^n) \tag{6-3}$$

式（6-3）右边括号里的式子是一个无穷等比级数数列，当 $\rho < 1$ 时，数列是收敛的，根据等比级数和的极限的原理可知

$$\lim_{n \to \infty}(\rho + \rho^2 + \rho^3 + \cdots + \rho^n) = \frac{\rho}{1-\rho} \tag{6-4}$$

将以上等比级数和的极限代入式（6-3），得到

$$\Phi_0 = \Phi_d + \Phi\left(\frac{\rho}{1-\rho}\right) \tag{6-5}$$

式（6-5）中，Φ_0 为作用在积分球内壁上的总光通量，等号右边第一项为直射光通量 Φ_d，第二项为经多次反射的反射光通量 Φ_R。反射光通量在积分球内壁上产生的照度为反射光照度 E_R，即

$$E_{R} = \frac{\Phi_{R}}{S} = \frac{\Phi\left(\dfrac{\rho}{1-\rho}\right)}{4\pi R^{2}} = C\Phi \qquad (6-6)$$

式中：E_{R}——反射光照度，lx；

Φ_{R}——经多次反射的反射光通量，lm；

Φ——光源发出的总光通量，lm；

ρ——积分球内壁表面的反射率；

R——积分球内腔半径，m；

C——积分球的仪器常数，其中 $C = \dfrac{\rho}{4\pi R^{2}(1-\rho)}$。

从式（6-6）知 $C = E_{R}/\Phi$，如果把已知光通量 Φ 的标准灯装进积分球里，从球壁上测量出 E_{R} 值的大小，便可计算出积分球的仪器常数 C。

从式（6-6）可知反射光在球壁上产生的反射光照度 E_{R} 与光源发出的总光通量 Φ 和积分球的仪器常数 C 成正比，而跟光源的位置和光强的分布无关，因此通过测定球壁上的反射光照度 E_{R}，就可以测算出光源发出的总光通量 Φ。

为了测量反射光照度值，需要在积分球壁上开设一个测量照度的小窗口，同时在该窗口和光源之间设置一个挡光屏，用来遮挡光源射向该窗口的直射光。这时在该窗口测得的即为反射光照度 E_{R}。

以上对积分球里光的传播过程的分析是一种理想的状况。首先，它假设内表面各处的反射率 ρ 完全均匀一致，且为一常数，它对不同频率光谱光线的反射无选择性，但实际上，内壁的反射涂料及涂刷技术不能完全达到这一要求。其次，它假定球的内腔是全空的，球体内的反射光通量除极少量为球壁吸收外，不为其他任何别的物体吸收，但实际上球体内的灯具和挡光屏均有吸收作用，因此实际情况与理想条件之间有一定的差别。因此我们不能利用积分球进行光通量绝对值的直接测量，但是可以采用间接的办法，即把一个已知光通量大小的标准灯泡与待测灯泡分别放进积分球中进行反射光照度的测量，把两次测得的照度进行比较，从而推算出待测灯泡的光通量大小，这就是积分球置换法测定光源光通量的基本原理。

6.2.3 实验步骤

（1）测定标准光源在积分球内壁上产生的反射光照度。为此，先将标准光源装入积分球内的接线灯架上，检查电源接线情况，调整好挡光屏的位置，然后将积分球的两半球合拢。

（2）启动和调节稳压电源装置，使标准电源达到稳定发光状态，以待测定。

（3）把测光窗中的光电池接收器跟照度计的电表头或其他照度读数显示和记录装置接通，调整光阑调节螺丝，选择合适的光阑大小，然后记录标准光源的反射光在球壁上产生的附加照度。

由于光阑的减光作用，标准光源的反射光照度实际值应为

$$E_{RS} = E'_{RS} / \beta \qquad\qquad (6-7)$$

式中：E'_{RS} ——标准光源产生的反射光照度实测值，lx；

　　　E_{RS} ——标准光源产生的反射光照度实际值，lx；

　　　β ——光阑的减光系数。

　　为了保证测量状态的稳定和读数的准确，每项测量重复进行 3 次，每 2 次读数之间的时间间隔为 1~2 min。测量读数要记入记录表。然后将稳压电源的电压缓缓调小直至关闭，至此完成了标准光源反射光照度的测量。最后打开活动半球的壳体，取下放入的标准光源。记录标准光源照度、色温值，将相关数据填入表 6-4 中。

表 6-4　标准光源性能参数测试记录

	测试时间	标准光源照度/lx	色温/K	色坐标 x 值	色坐标 y 值
1					
2					
3					
平均值					
标准光源发光效率					

　　（4）然后再在积分球内换上待测灯泡，合拢半球，按照上述步骤（2）、（3）的做法和要求，对待测光源进行反射光照度的测量。这一步测量应继续保持测定标准光源时测光窗中光阑的大小不变，即保持光阑的减光系数 β 值不变。记录待测光源照度、色温值，将相关数据填入表 6-5 中。

表 6-5　待测光源性能参数测试记录

	测试时间	标准光源照度/lx	色温/K	色坐标 x 值	色坐标 y 值
1					
2					
3					
平均值					
待测光源的发光效率					

　　这时测得的反射光照度值为 E'_{Rm}，实际的反射光照度值应为 E_{Rm}：

$$E_{Rm} = E'_{Rm} / \beta \qquad\qquad (6-8)$$

　　（5）测量完毕后打开活动半球，从积分球内取出待测光源，放开光电池接收器的接线，关闭光阑，全部测量的过程至此结束。

　　（6）计算待测光源的光通量。

　　经推算，积分球中光源的光通量 Φ 与反射光照度 E_R 的关系为

$$E_R = C\Phi$$

当积分球中放入标准光源，则有

$$E_{RS} = E'_{RS} / \beta = C\Phi_S \qquad (6-9)$$

当积分球中放入待测光源时，有

$$E_{Rm} = E'_{Rm} / \beta = C\Phi_m \qquad (6-10)$$

式中：Φ_S —— 已知的标准光源的光通量，lm；

$\quad\quad \Phi_m$ —— 待测光源的光通量，lm；

$\quad\quad \beta$ —— 光阑的减光系数；

$\quad\quad C$ —— 积分球的仪器常数；

E'_{RS}、E'_{Rm} —— 当装入标准光源和待测光源时积分球测光窗中照度计的读数，lx。

将式（6-9）和式（6-10）进行比较，整理后可得到以下结果：

$$\frac{E'_{RS} / \beta}{E'_{Rm} / \beta} = \frac{C\Phi_S}{C\Phi_m} \rightarrow \frac{E'_{RS}}{E'_{Rm}} = \frac{\Phi_S}{\Phi_m}$$

$$\Phi_m = \Phi_S \frac{E'_{Rm}}{E'_{RS}} \qquad (6-11)$$

式（6-11）中各符号的含义同前，由积分球测光窗测出标准光源和待测光源在球壁上的反射光照度 E'_{RS} 和 E'_{Rm} 后，又已知标准光源的光通量，代入式（6-11）便可以计算出待测光源的光通量大小。

6.2.4　实验分析与讨论

（1）结合色品坐标图分析光源特性，计算发光效率。

（2）对待测光源的性能进行评价。

（3）实验误差分析。

6.2.5　实验注意事项

（1）测试过程中，先断开电源，再更换光源。

（2）测量时要排除其他无关光源的干扰。

（3）读数时，需指示值稳定后再进行读数。

6.3　实 验 思 考

（1）试说明光通量、发光强度与照度的关系。

（2）已知一光源的色品坐标为 $x = 0.348\,4$，$y = 0.351\,6$，则它的相关色温是多少？

实验7　建筑空间亮度评价

实验目的与要求

通过测试掌握亮度计的使用方法，了解不同表面材料照度值的差异，以及室内亮度分布情况。

7.1　基　础　知　识

亮度是表示发光体（反光体）表面发光（反光）强弱的物理量。人眼从一个方向观察光源，在这个方向上的光强与人眼所"见到"的光源面积之比，就是该光源单位的亮度，即单位投影面积上的发光强度，单位是 cd/m^2，简称 nt（尼特），有时用另一较大单位熙提（符号为 sb），它表示 $1\ cm^2$ 面积上发出 1 cd 时的亮度单位，很明显 $1\ sb = 10^4\ cd/m^2$。表 7-1 为常见发光体的亮度。

表 7-1　常见发光体的亮度

常见发光体	亮度/nt
红色激光指示器	20 000 000 000
太阳表面	2 000 000 000
白炽灯灯丝	10 000 000
阳光下的白纸	30 000
满月下的白纸	0.07
无月夜空	0.000 1

亮度反映人对光的强度的感受，它是一个主观量。在黑暗中，我们如同盲人一样看不见任何东西，只有当物体发光（或反光）时，我们才会看见它。实验表明：人们能看见的最低亮度（称"最低亮度阈"）仅为 $10^{-5}\ asb$[①]。随着亮度的增大，我们看得越清楚，即可见度增大。但亮度要适量，若亮度过大，超出眼睛的适应范围，眼睛的灵敏度反而会下降，易引起眼疲劳。如夏日当你在室外看书时，很快你就会感到刺眼，不能长久地坚持下去。一般认为，当物体亮度超过 16 sb 时，人就感到刺眼，不能坚持工作。

---

① asb，阿熙提，$1\ asd = (1/\pi)\ cd/m^2 = 0.318\ 3\ cd/m^2$。

亮度反映了物体表面的物理特性，而我们主观所感受到的物体明亮程度，除了与物体表面亮度有关外，还与我们所处环境的明暗有关，即在不同的亮度环境下，人眼对于同一实际亮度所产生的相对亮度感觉是不相同的。例如对同一电灯，在白天和黑夜它对人眼产生的相对亮度感觉是不相同的。另外，当人眼适应了某一环境亮度时，所能感觉的范围将变小。例如，当处于白天环境且亮度为 10 000 nt 时，人眼大约能分辨的亮度范围为 200～20 000 nt，低于 200 nt 的亮度感觉为黑色。而当处于夜间环境且亮度为 30 nt 时，人眼可分辨的亮度范围为 1～200 nt，这时 100 nt 的亮度就造成相当亮的感觉，只有低于 1 nt 的亮度才引起黑色感觉。所以，有时物体的表面过亮会让人产生不舒适的感觉。当物体的亮度和背景的亮度差别过大时，人的视觉灵敏度会降低。在一般情况下，物体和背景的亮度差不要超过 10 倍，对于有视觉亮度要求的工作面而言，工作面的亮度不要大于环境亮度的 3 倍。

除此之外，当在视野范围内有亮度极高的物体或者出现强烈的亮度对比时，我们会在视觉上有不舒适感，并且影响视觉效果，称这种现象为眩光。眩光是影响光环境质量的最重要的因素，它不仅影响人的生理和心理，而且还在较大程度上影响人的工作效率和生活质量，因此在光环境设计中，如何避免眩光是设计人员首先要考虑的问题。眩光主要是由光源位置与视点的夹角造成的。展览环境中的眩光有一次发射眩光，还有经过二次反射产生的眩光。眩光不但会造成视觉上的不适应感，而且强烈的眩光还会损害视觉甚至引起失明。对于展示光环境来说，控制眩光很重要。《建筑采光设计标准》（GB 50033—2013）中规定，在采光质量要求较高的场所，窗的不舒适眩光指数不宜高于表 7-2 规定的数值。

表 7-2　窗的不舒适眩光指数（DGI）

采光等级	眩光指数 DGI
I	20
II	23
III	25
IV	27
V	28

7.2　实　验　内　容

用亮度计测量室内不同位置的亮度值。

7.2.1　实验仪器

在该实验中采用 TOPCON BM-7 A 亮度计，仪器外形如图 7-1 所示。该仪器采用三色值过滤的测试方法，可测定亮度、色度、色温、色差等。

图 7-1 TOPCON BM-7A 型亮度计

1）测试原理

亮度计是测量物体表面亮度的仪器。亮度计可用于模仿人眼来测量视觉明暗感觉，它由光接收器和微安检流计组成。现在使用的是数字亮度计，当光线照射到光接收器表面时，在光电池上产生电动势，其大小与光接收器所受的照度有一定比例关系。由于光接收器与微安检流计连成回路，所以有电流通过微安检流计，光电流的大小决定于入射光的亮度和回路中的电阻，经过修正就可以通过亮度计所显示的数字直接读出入射光的亮度值。亮度计使用时需进行校正。

2）使用方法

（1）将仪器接通电源后，打开机身的开关，屏幕显示"warming up"字样，仪器开始预热并自动校准，耗时 5～10 min。注意，在自动校准完成之前，不要打开目镜与物镜，且不要进行任何参数设置，将仪器平稳放置，在整个操作过程应始终保持电源接通。

（2）透过目镜会发现视野的中心有一个黑色的圆点，用圆点对准测量目标，旋转目镜再旋转物镜进行调焦，直到可以看到清晰的像。像的清晰程度对测量结果有较大影响，因此对焦务必准确。

（3）为了提高测量精度，可以进行多次测量取平均值。

7.2.2 实验步骤

（1）选择室内中心点作为观测点，在从此处所看到的各个表面上均选择相应的测量点，对同一测量点视其亮度大小变化进行多次测量并做相应记录。

（2）测点条件。

测量时间：分别选择在晴天 15:00、全云天 15:00 及具有照明的晚上来进行分析，以便于得出不同情况下房间室内亮度分布的特点。

（3）测量位置。

由于测试房间尺寸较大，故在待测表面选择了 20 个易于观察的测量点，每个点读数 3 次，取平均值。

（4）以测试房间为教室为例。当室内为自然采光时，亮度计朝窗放在通过窗墙的中轴线上，离内墙 0.5 m，离地 1.2 m（坐姿）或 1.5 m（立姿）处；当室内采用人工照明时，亮度计放在房间长度方向的中轴线上，离墙 0.5 m，离地高 1.2 m（坐姿）或 1.5 m（立姿）处，亮度计朝向另一端墙。

（5）测量分析。

在拟测点，通过相机拍照记录的方式将点的标号标注在以同一位置同一角度拍摄的室内照片上，或以测量位置为视点的透视图上，完成数据表格（表 7-3），并绘制室内亮度分布情况示意图。

表 7-3 亮度测试数据

测量点	1	2	3	4	5	6	7	8
亮度值								
平均值								
测量点	9	10	11	12	13	14	15	16
亮度值								
平均值								

7.2.3 实验分析与讨论

（1）绘制室内亮度分布情况示意图。

（2）建筑空间亮度情况分析与评价。

（3）实验误差分析。

7.2.4 实验注意事项

（1）测试过程中，应科学使用仪器，按步骤操作。

（2）读数时，需待指示值稳定后再进行。

7.2.5 国家相关标准与规范

（1）《建筑采光设计标准》（GB 50033—2013）。

（2）《绿色建筑评价标准》（GB/T 50378—2019）。

7.3 实验思考

（1）请简述减轻或消除直接眩光的措施。

（2）看电视时，房间完全黑暗好，还是有一定亮度好？为什么？

实验8　窗口形式对室内采光的影响与评价

实验目的与要求

（1）让学生通过实验理解空间、层高、采光口面积和位置、内表面材料反光系数、房屋的朝向等因素对同样光环境下的采光的影响。

（2）窗口形式、位置不同，室内采光效果也截然不同。通过实验模拟建筑物采光效果，利用摄像、照度测量等辅助手段达到实验目的。

8.1　基 础 知 识

从视觉功能实验来看，人眼在天然光下比在人工光下具有更高的视觉功效，并感到舒适，这表明人眼在长期的进化过程中已习惯于天然光。太阳光是一种巨大的安全的清洁能源，室内充分利用天然光可以起到节约资源和保护环境的作用。

1. 光气候

所谓光气候，就是指由太阳直射光、天空漫射光、地面反射光形成的天然光平均状况。当太阳光穿过大气层时，一部分透过大气层达到地面，称为直射光，它形成的照度高，并具有一定的方向，在被照射物体背后出现明显的阴影；另一部分碰到大气层中的空气分子、灰尘、水蒸气等微粒，产生多次反射，不能形成阴影。按照天空中云的覆盖面积将天气分为三类：晴天、全云天与多云天。晴天时天空无云或有很少云，云覆盖天空面积占 0~30%，这时地面总照度由太阳直射光照度和天空漫射光照度两部分组成，其照度值随太阳的升高而增大。太阳直射光照度在地面总照度中所占的比例随太阳高度角的增加而迅速增长。图 8-1 为晴天时室外照度的变化情况，从图 8-1 可以看出，太阳直射光变化幅度较大，在室内产生很大的明暗对比，而由其不断变化所形成的明暗面的位置和比值的改变，使室内采光状况很不稳定。太阳直射光和天空漫射光这两种光线的组成比例还受大气透明度的影响，透明度越高，太阳直射光占的比例越大，因此建筑物的朝向对采光影响很大。

全云天时天空几乎全部被云所覆盖，云覆盖面积占 80%~1，这时地面总照度取决于太阳高度角、云状、地面反射能力与大气透明度。全云天时天空亮度低，亮度分布相对稳定，因而室内照度较低，朝向影响小。多云天时云的数量及其在天空中的位置变化无常，照度值和天空亮度分布都极不稳定，因此采光设计中不考虑多云天。在目前的采光设计中，

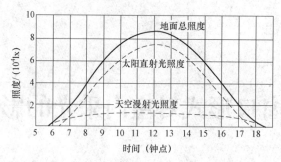

图 8-1　晴天时室外照度的变化情况

多采用全云天作为设计的依据。但这种设计显然不适合于晴天多的地区，所以，按所在地区占优势的天空状况或按"平均天空"来进行采光设计和计算较为合理。

影响天然光的因素有：太阳高度角、云量、云状、日照率、地理纬度及海拔高度等。我国地域辽阔，同一时刻南北方的太阳高度相差很大。南方天空漫射光照度较大，而北方则以太阳直射光照度为主，并且南北方室外照度差异较大。由于室内外的照度都是随时间变化的，因此对于采光数量的要求不能用一个固定值，而采用相对值，即采光系数。采光系数（C）是全云天时室内某一给定平面上的天然光照度（E_n）和同时间、同地点室外无遮挡水平面上的天空漫射光照度（E_W）的比值，即

$$C = \frac{E_n}{E_W} \times 100\% \qquad (8-1)$$

式中：E_n——室内照度，lx；

　　　E_W——室外天空漫射光所产生的照度，lx；

　　　C——采光系数，%。

在设计时只考虑天空漫射光即全云天时的情况，若能满足视觉要求，则晴天照度更高，可进一步改善视觉工作条件。利用采光系数这一概念，就可根据室内要求的照度换算出需要的室外照度，或由室外照度求出当时的室内照度，而不受照度变化的影响，以适应天然光多变的特点。

我国因为各地光气候有很大区别，西北广阔高原地区室外年平均总照度值（从日出后半小时到日落前半小时全年日平均值）高达 31.46 lx，而四川盆地及东北北部地区则只有 21.18 lx，相差达 50%。若采用同一标准值是不合理的，故相关标准根据室外天然光年平均总照度值大小将全国划分为 I～V 类光气候区。再根据光气候特点，按年平均总照度值确定分区系数，即光气候系数 K，如表 8-1 所示。

表 8-1　光气候系数 K

光气候区	I	II	III	IV	V
K 值	0.85	0.9	1.0	1.10	1.20
室外天然光设计照度值/lx	18 000	16 500	15 000	13 500	12 000

2. 采光口

为了获得天然光,人们在房屋外围护结构开了各种形式的洞口,装上各种透光材料(玻璃、乳白玻璃或磨砂玻璃等),这些装有透光材料的孔洞统称为采光口。采光口的大小、位置、形式直接决定了使用空间内的采光效果。按照采光口所处位置可分为侧窗和天窗。仅靠侧窗采光,称为侧面采光。仅靠天窗采光,称为天窗采光。有的建筑兼有侧窗和天窗,则其采光方式称为混合采光。

侧窗是在房间的一侧或两侧墙上开的采光口,侧窗构造简单,布置方便,造价低廉,光线方向性明确,一般放置在 1 m 左右高度。有时为了争取更多的可用墙面,将窗台提高到 2 m 高度以上,称高侧窗。高侧窗常用于展览建筑以争取更多的展出墙面,或用于厂房以提高房间深处照度,或用于仓库以增加贮存空间。

为了保证使用空间最深处有足够的照度,必须使使用空间的进深小于或等于采光口上缘高度的 2 倍。当使用空间跨度较大,进深较深,仅靠侧窗不能均匀地解决室内的天然采光问题时,可考虑设置天窗。开窗位置的高低会对室内光线产生影响,决定了光线来源方向。当开窗太低时,光线集中于某一部位,不利于光的扩散。当开窗高时,光线均匀,有利于产生柔和的匀质光线效果。除此以外,影响室内采光的因素还有房间的朝向和光线射入角度。例如对于东西朝向的房间,光直接射入的机会多,采光强度大,但不稳定,变化大;对于朝北的房间,采光相应弱一些,但光线稳定,光线变化不大;对于朝南的房间,冬暖夏凉,光线也较稳定。因此,我们在室内采光中需要根据室内射入的光的角度用窗帘进行调节。

3. 基本概念

1)室外照度
在全阴天天空的漫射光的照射下,室外无遮挡水平面上的照度即为室外照度。

2)房间典型剖面
房间内具有代表性的采光剖面即为房间典型剖面,该剖面应位于房间中部或主要工作所在区域。

3)采光系数
在室内给定平面上的一点,由直接或间接地接收来自假定和已知天空亮度分布的天空漫射光而产生的照度与同一时刻该天空半球在室外无遮挡水平面上产生的天空漫射光照度之比即为采光系数。

4)采光系数标准值
在规定的室外天然光设计照度下,满足视觉功能要求时的采光系数值即为采光系数标准值。

5)室外天然光设计照度
室内全部利用天然光时的室外天然光最低照度即为室外天然光设计照度。

6)室内天然光照度标准值
对应于规定的室外天然光设计照度值和相应的采光系数标准值的参考平面上的照度

值即为室内天然光照度标准值。

7）窗地面积比

窗洞口面积与地面面积之比即为窗地面积比。

8）采光均匀度

参考平面上的采光系数最低值与平均值之比即为采光均匀度。

8.2 实 验 内 容

自然光采光研究是一个应用性和实验性很强的学科。在建筑采光设计中，影响一个建筑物采光效果的因素有很多，如：室型、层高、采光口面积和位置、内表面材料反光系数、房屋的朝向等。建筑物自然采光实验的主要内容是测试采光系数分布或照度分布等参数。

本实验配备具有不同天窗形式的屋顶，可以直观真实地再现实际采光效果和采光分布。本实验的目的是研究和设计各种类型的屋顶采光口、墙面采光口的性能，分析和预测在具体工程设计中，屋顶采光口、墙面采光口的天然采光设计效果。

8.2.1 实验仪器

1. 人工模拟天穹

在自然光采光实验中，实验者需要一个稳定的实验环境，但由于自然环境的不可控性，当前人们主要利用人工模拟天穹（如图 8-2 所示）来创造这一条件。将按比例缩小的建筑模型放置于人工模拟天穹之下，对建筑设计方案进行日照的测试和检验。人工模拟天穹及其设备布置如图 8-3 所示。

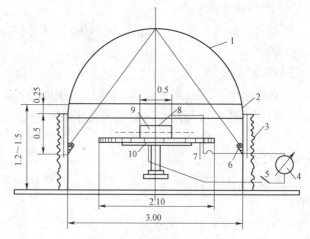

1—半球屋顶；2—角钢圆环；3—黑色幕墙；4—电流表；5—变换开头；6—投光灯；
7—工作台；8—室外接收器；9—建筑模型；10—室内外可移动接收器

图 8-2　人工模拟天穹　　　　图 8-3　人工模拟天穹及其设备布置（长度单位：m）

人工模拟天穹内表面涂层材料的反射率大于 0.8，半球下部设置灯槽，其人工光源的配置要使人造天空的表面亮度符合 CIE 规定的标准全云天的亮度分布，即

$$L_\theta = L_z(1 + 2\sin\theta) / 3 \qquad\qquad (8-2)$$

式中：L_θ——离地面为 θ 角处的天空亮度，cd/m^2；

　　　L_z——天顶亮度，cd/m^2；

　　　θ——高度角，（°）。

同时，人造天空下部空间的四周要用黑色幕墙遮蔽，以防止白天操作时室外杂散光的干扰。

2. 照度计

在本实验中使用照度计测试室内外照度，可选择两台分体式照度计或多通道照度测试系统。

3. 建筑模型

在本实验中，可以利用标准配备的建筑模型，也可选择方案设计模型。被测的建筑模型各部分尺寸应严格按照比例制作，模型的制作比例常取 1:50～1:10，本实验模型的制作比例为 1:10。比例不当容易引起测量误差。

8.2.2　实验原理

本实验的理论根据是立体角投影定律，这个定律反映了光源亮度和由它所形成的工作面照度之间的光度学关系。由立体角投影定律可知：室内工作面上点 P 的照度 E_n'，是由立体角在被照面上的投影所决定，即

$$E_n' = L_\alpha \Omega \cos i \qquad\qquad (8-3)$$

式中：E_n'——在被照面上形成的照度，lx；

　　　L_α——发光天空的亮度，cd/m^2；

　　　i——入射光线与被照面之间的夹角，（°）；

　$\Omega\cos i$——透过采光口看到的天空表面与观测点 P 所形成的立体角 Ω 在被照面上的投影，Sr。

式（8-3）表明，点 P 的照度大小只跟从观测点 P 透过采光口看到的天空表面与观测点 P 所形成的立体角在被照面上的投影，以及采光口所对应的天空亮度大小有关，而与天空半球的直径或建筑模型的比例大小无关。建筑模型实验所选取的采光参数不采用工作面的照度绝对值，而采取模型内外照度的比值——采光系数这一相对值作为评价量，也是为了消除人造天空的亮度与实际天空的亮度不同可能引起的误差。

实测时要准备好两个型号相同的照度计，或采用多通道照度测试系统。一个照度计放在建筑模型内的测点处，另一个照度计放在测试工作台面的中心处，分别测出模型内外的照度值，然后按式（8-1）计算出工作面上各测点的采光系数。

8.2.3 实验步骤

1. 天窗形式对室内采光的影响与评价

（1）布置测点，选取有代表性的典型剖面，然后在工作面上布置一组测点，建议布置 5～6 个测点。

（2）打开电源，点燃天空半球的反射灯，达到稳定后才能开始测试，荧光灯需打开 15 min 以上。

（3）室外照度计放在测试工作台面的中心处，室内照度计依次放在模型内各测点上。室内外照度计同时读数，为了避免读数时可能出现的误差，每个测点要读取 3 次读数，并将每次读数均记录在表 8-2 中。结合测得的相应照度值，根据式（8-1）计算采光系数，并从侧开孔拍照。

表 8-2 测试记录表

测量点	1			2			3			4			5			6		
	1	2	3	1	2	3	1	2	3	1	2	3	1	2	3	1	2	3
室内照度/lx																		
室外照度/lx																		
采光系数/%																		
采光系数平均值/%																		

（4）根据各测点的采光系数值绘制出建筑模型典型剖面的采光系数曲线图。采光系数曲线图是在建筑物的典型剖面图（横剖面或纵剖面）上表示的工作面各测点的采光系数变化曲线。曲线的横坐标为测点位置（以距离侧墙长度作为图形的横坐标），纵坐标为采光系数。采光系数曲线图形象地反映了该典型剖面上各测点采光系数的变化趋势。

（5）依次放置不同形式的屋顶，重复步骤（3）、（4），计算出采光系数并在同一坐标系内绘制采光系数曲线图，同时从侧开孔拍照。

2. 侧窗形式对室内采光的影响与评价

（1）布置测点，选取有代表性的典型剖面，然后在工作面上布置一组测点，建议布置 5～6 个测点。

（2）打开电源，点燃天空半球的反射灯，达到稳定后才能开始测试，荧光灯需打开 15 min 以上。

（3）用白色 KT 板或其他材料的亚光白色板将窗户封闭一部分，将照度探头放置在模型中心线等分的不同点。

（4）将室外照度计放在测试工作台面的中心处，室内照度计依次放在模型内各测点上，室内外照度计同时读数。为了避免读数时可能出现的误差，每个测点要读取 3 次读数，将每次读数记录下来，并从侧开孔拍照。

（5）根据式（8-1）计算采光系数，并绘制采光系数曲线图。

（6）改变白色 KT 板或其他材料的亚光白色板的位置，重复上述步骤，并在同一坐标系内绘制采光系数曲线图。

（7）比较同样大小的采光口在不同的位置对室内采光系数的影响。

8.2.4　实验分析与讨论

（1）绘制不同窗口形式下采光系数分布对比图。

（2）窗口对室内采光的影响与评价。

（3）实验误差分析。

8.2.5　实验注意事项

（1）测试过程中，通过合理措施防止室外杂散光的干扰。

（2）测试前绘制建筑测点布置平面图与剖面图。

（3）拍摄、整理汇总不同位置、不同窗口形式下的室内采光效果图。

8.2.6　国家相关标准与规范

（1）《建筑采光设计标准》（GB 50033—2013）。

（2）《绿色建筑评价标准》（GB/T 50378—2019）。

8.3　实　验　思　考

（1）简述侧窗、天窗采光的优缺点及改善措施。

（2）分别简述美术馆与学校教室采光设计要求与适宜的采光形式。

实验 9 照明模型实验

实验目的与要求

（1）通过实验理解室型指数、壁面的反射系数、灯的挂高比等对照明环境的影响。

（2）初步了解模型实验的原理，加深对利用系数法照度计算理论的理解。

9.1 基 础 知 识

照明设计的总目的是在室内造成一个人为的环境，满足人们的生活、学习、工作等要求。一种是以满足视觉工作要求为主的室内工作照明，多从功能方面来考虑，如工厂、学校等场所的照明。另一种是以艺术环境观感为主，为人们提供舒适的休息和娱乐场所的照明，如大型的公共建筑门厅、休息厅等场所的照明，这类照明除应满足视觉功能外，还应强调它们的艺术效果。

照明方式是指照明设备按其安装部位或光的分布而构成的基本制式。在设计照明系统时，应注意照明方式对照明质量、能耗及建筑风格都有很大的影响。就安装部位而言，主要有一般照明、分区一般照明、局部照明与混合照明四种照明方式。选择合理的照明方式，对改善照明质量、提高经济效益和节约能源等具有重要作用，并且对建筑装修的整体艺术效果具有一定的影响。

（1）一般照明。它是在工作场所内不考虑特殊的局部需要，为照亮整个场所而设置的均匀照明，灯具均匀分布在被照场所上空，在工作面上形成均匀的照度，如图 9-1（a）所示。这种照明方式适合于对光的投射方向没有特殊要求，在工作面上没有特别需要提高可见度的工作点，以及工作点很密或不固定的场所。当房间高度高、照度要求也高时，单独采用一般照明就会造成灯具过多、功率很大，最终导致投资和使用费都高，这是不经济的。

（2）分区一般照明。分区一般照明是指，对某一特定区域，如开展工作的地点，设计不同的照度来照亮该区域的一般照明。例如在开放式办公室中有办公区、休息区等，它们要求具有不同的一般照明的照度，因此开放式办公室中常采用这种照明方式，如图 9-1（b）所示。

（3）局部照明。它是在工作点附近专门为照亮工作点而设置的照明装置，即为特定视觉工作用的、为照亮某个局部（通常限定在很小范围，如工作台面）的特殊需要而设置的照明，如图9-1（c）所示。局部照明常设置在要求照度高或对光线方向性有特殊要求的地方。但在一个工作场所内不应只采用局部照明，因为这样会造成工作点与周围环境间极大的亮度对比，不利于视觉工作。

（4）混合照明。混合照明就是由一般照明和局部照明组成的照明。它是在同一工作场所中，既设有一般照明以解决整个工作面的均匀照明，又设有局部照明以满足工作点的高照度和光方向的要求，如图9-1（d）所示。在高照度时，这种照明方式是较经济的，也是目前工业建筑和照度要求较高的民用建筑（如图书馆）中大量采用的照明方式。

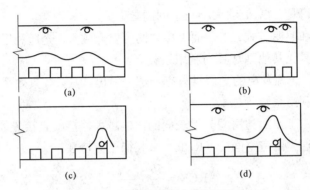

图9-1 不同照明方式及照度分布

在日常的光环境设计中，建筑师需要具备进行简单照明计算的能力，熟悉计算图表的用法，理解基本的照明计算数学模型，这样才能对自己设计的照明装置的合理性与经济效益有明晰的、定量的认识，才能正确地使用计算机辅助照明设计软件处理光环境设计的实际问题。照度的计算方法有很多，这里只介绍常用的利用系数法。

图9-2为室内光通量分布图。对于从某一个光源发出的光通量，在灯罩内损失了一部分，当其射入室内空间时，一部分直达工作面，形成直射光照度；另一部分反射到室内其他表面上，经过一次或多次反射才射到工作面上，形成反射光照度。光源实际投射到工作面上的有效光通量为

$$\Phi_U = \Phi_d + \Phi_p \tag{9-1}$$

式中：Φ_U——光源实际投射到工作面上的有效光通量，lm；

Φ_d——光源直接投射到工作面上的光通量，lm；

Φ_p——光源反射到室内其他表面上的光通量，lm。

很明显，Φ_U越大，表示光源发出的光通量被利用得越多，利用系数越大，即

$$C_U = \frac{\Phi_U}{N\Phi} \tag{9-2}$$

式中：C_U——利用系数；

Φ_U——光源实际投射到工作面上的有效光通量，lm；

N——灯具数量；

Φ——一个灯具内灯的总额定光通量，lm。

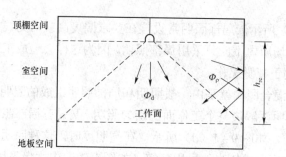

图 9-2　室内光通量分布图

根据上面分析可见，C_U 值的大小与下列因素有关。

（1）灯具类型和照明方式。工作面上接收的直射光越大，光通利用率越高。从这个角度来说，直射型灯具比其他型灯具的利用系数高。

（2）灯具效率。光源发出的光通量只有一部分射出灯具，灯具效率越高，工作面上获得的光通量越多，利用系数就越高。

（3）房间尺寸。工作面与房间其他表面的比值越大，接收直接光通量的机会就越大，利用系数就越大。这里用室空间比（RCR）来表征这一特性：

$$RCR = \frac{5h_{rc}(l+b)}{lb} \qquad (9-3)$$

式中：h_{rc}——灯具至工作面的高度，m；

　　l、b——工作面的长和宽，m。

同一灯具放在不同尺寸的房间内，Φ_d 不同。在宽而矮的房间中，Φ_d 较大。RCR 越大，接收普通光通量的机会就越多，利用系数就越大。

（4）室内顶棚、墙、地板、设备的光反射比。光反射比越高，反射光照度增加越多，利用系数越大。

只要知道灯具的利用系数和光源发出的光通量，则可以通过公式算出房间内工作面上的平均照度：

$$E = \frac{\Phi_U}{lb} = \frac{NC_U\Phi}{A} \qquad (9-4)$$

其中，$A = lb$，为工作面面积。

换言之，如需要知道为达到某一照度要求安装多大功率的灯泡（发出的光通量）时，则可将式（9-4）改写为

$$\Phi = \frac{AE}{NC_U} \qquad (9-5)$$

照明设施在使用过程中会遭受污染，造成光源衰减，照度下降，故在照明设计时，应将初始照度提高。

因此，利用系数法的照明计算式为

$$\Phi = \frac{AE}{NC_U K} \qquad (9-6)$$

9.2 实 验 内 容

在照明设计中，一个合理的设计不单是照度计算，它涉及色彩、艺术效果、视觉心理、工程技术等多方面综合内容。对一个要求较高的照明设计，可以在专门的照明实验室，用 1:1 的尺寸实体模型模拟设计方案条件进行实验。当用照明模型进行实验时，由于灯具、色彩、艺术效果的模拟条件难以实现，照明模型实验一般着重于照明质量、灯具配置（如室型指数、壁面的反射系数、灯的挂高比等）等因素的研究。

9.2.1 实验仪器

本实验中使用到的仪器主要有照明模型、照度计及微型三脚架。下面介绍一下照明模型。

本模型是钢制柜状的实验设备，前后面板是活动的结构，可打开进行操作，如图 9-3 所示。内部有 4 个活动板，都可翻转 90°，使得模型组合成不同的结构形式。同时侧板留有观察孔，便于拍照或直接观察或放置照度计。灯具具有可整体升降或单独升降灯本身的功能。面板有 7 个开关按键，通过不同的组合可演示不同的照明概念及效果。灯筒是活动的，更换灯具极其简单。

模型操作面板及内部灯具分布如图 9-4 所示。模型操作面板上共有 7 个按键和 7 个对应的指示灯。灯亮表示开关接通，其所控制的灯点亮。如图 9-4 所示，不同的组合可实现不同的照明方式。

本模型共有 8 盏射灯及 4 盏日光灯，模型内部灯具分布如图 9-4 所示。

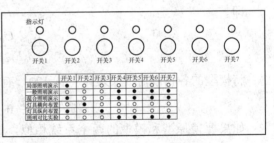

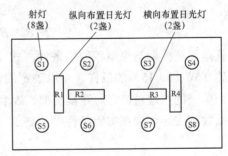

图 9-3 照明模型　　　　　　　　图 9-4 模型操作面板及内部灯具分布

9.2.2 实验原理

照明模型是原型按一定比例缩小而得到的,要应用相似理论根据实验研究的要求决定模型条件,如比例尺寸、光源配光特性、光通量、内壁反光系数、光色等。

本实验的要求是测房间的平均照度 E_{CP},有如下公式:

$$E_{CP} = \frac{N\Phi C_U}{A} \tag{9-7}$$

设 A_0 为房间原型工作面面积,A_1 为房间模型工作面面积,并设:

$$A_1 / A_0 = B_A \tag{9-8}$$

B_A 称面积相似倍数。下述都以角标"1"表示模型的各参数量,角标"0"表示原型的各参数量。与上述同理有:

光通量相似倍数 B_Φ:

$$B_\Phi = \Phi_1 / \Phi_0 \tag{9-9}$$

照度相似倍数 B_E:

$$B_E = E_{CP1} / E_{CP0} \tag{9-10}$$

利用系数相似倍数 B_U:

$$B_U = C_{U1} / C_{U0} \tag{9-11}$$

如果模型中灯的配置数量与原型一致,那么有:$N_1 / N_0 = 1$。

对于房间原型,其平均照度应为

$$E_{CP0} = \frac{N_0 \Phi_0 C_{U0}}{A_0} \tag{9-12}$$

即

$$\frac{N_0 \Phi_0 C_{U0}}{A_0 E_{CP0}} = 1 \tag{9-13}$$

将模型的各相似倍数代入式(9-12),有

$$N_0 \Phi_0 C_{U0} / A_0 E_{CP0} = B_\Phi B_U / B_A B_E \tag{9-14}$$

如果要使原型和模型的两个系统相似,比较式(9-13)、式(9-14)两式,必然要使:

$$B_\Phi B_U / B_A B_E = 1 \tag{9-15}$$

这就是保证模型与原型相似的条件,式(9-15)称为相似准则。

要建立式(9-15)的条件,难以确定的是利用系数相似倍数 B_U,因为利用系数 C_U 不是一个单一的物理量,它与灯具类型、效率、光强分布特性、房间室型比、室内各表面的反光系数有关。如果在实验条件中控制 $B_U = 1$,那么式(9-15)将消去 B_U 项,为

$$\frac{B_\Phi}{B_A} = B_E \tag{9-16}$$

又由于 B_A 为面积相似倍数，是长乘宽的乘积，如果模型的比例为 B_L，那么就有 $B_A = B_L$，则式（9–16）可写为

$$B_E = B_\Phi / B_L \qquad\qquad (9-17)$$

9.2.3　实验步骤

（1）测量内表面的反光系数和灯具挂高，测量房间的平均照度和照度均匀度。

（2）将模型装好，其内表面为白色，开灯。

（3）将模型的工作表面分成坐标网格，在网格中心处测量照度 E_i。

（4）改变灯具挂高，再测量各测点照度。

（5）将模型内表面换成其他颜色，再按步骤（2）、（3）、（4）测量各测点照度。

（6）计算平均照度。

（7）计算照度均匀度。

9.2.4　实验分析与讨论

（1）分析不同因素对照明环境的影响。

（2）实验误差分析。

9.2.5　国家相关标准与规范

（1）《建筑照明设计标准》（GB 50034—2013）。

（2）《照明测量方法》（GB/T 5700—2008）。

9.3　实　验　思　考

（1）讨论照明方式的分类。

（2）简述利用系数的概念及影响灯具利用系数的因素。

第 3 篇　建筑声学实验

实验 10　校园环境噪声测量实验

实验目的与要求

（1）学会用定量的方法分析声环境，及时、准确地掌握周围环境噪声现状，分析其变化趋势和规律。

（2）了解各类噪声源的污染程度，为城市噪声管理、治理和科学设计提供系统的监测资料，掌握室内外环境噪声的检测方法。

（3）通过测量掌握声级计的使用。

10.1　基 础 知 识

声音是人类行为中重要的组成部分。人们可以听到的声音都属于声环境范畴。人们可以听到鸟鸣、音乐，也可以听到吵闹、机器轰鸣声。声环境问题与人类的生活息息相关，在生理、心理及行为习惯等方面都给人类带来极大的影响。随着人们生活水平的不断提高，人们在追求高质量的物质生活和精神享受的同时，对声环境的要求也越来越高。

1. 声音的概念与特性

声音由物体振动产生，一切正在发声的物体都在振动。物理学中将正在发出声音的发生体称为声源，如正在振动的声带、正在播放声音的扬声器等。声音不能在真空中传播，其传播需要介质。所以，能够听到声音说明一定有物体在振动，但是有物体振动不一定会产生声音，如物体在真空环境中振动就不会产生声音。

声音最主要的特性是频率和声强级。当声波通过空气或其他弹性介质传播时，介质质点只是在其平衡位置来回振动。质点在 1 s 内的振动次数称为频率，单位是赫兹（Hz）。按照声音频率的高低，将声音分为次声、可听声和超声。能够引起正常人耳听觉的频率范围约为 20～20 000 Hz，频率低于 20 Hz 的声音称为次声，频率超过 20 000 Hz 的声音称为超声。建筑声环境主要研究的是可听声。人耳耳道类似一个 2～3 cm 的小管，由于共振的原因，在 2 000～3 000 Hz 的范围内声音被增强，这一频率在语言中的辅音中占主导地位，有利于我们听清语言和交流，但人耳最先老化的频率也在这个范围内。一般认为，500 Hz 以下为低频，500～2 000 Hz 为中频，2 000 Hz 以上为高频。语言的频率范围主要集中在中频。人耳的听觉敏感度由于频率的不同而有所不同，当频率越低或越高时，敏感度变差。

也就是说，同样大小的声音，中频的声音听起来要比低频和高频的声音响。

人们在计量声音时都会用到声功率、声强和声压这三个基本物理量，但是人耳能听到的下限声强为 $10^{-12}\,\mathrm{W/m^2}$，相应的声压为 $2\times10^{-5}\,\mathrm{N/m^2}$。使人产生疼痛感的上限声强为 $1\,\mathrm{W/m^2}$，相应的声压为 $20\,\mathrm{N/m^2}$。可以看出，声强的上下限可相差一万亿倍，声压相差也达一百万倍。因此，用声强和声压来度量声音很不方便。此外，人耳对声音大小的感觉，并不与声强或声压值成正比，而是近似地与它们的对数值成正比。所以引入级的概念，即对声压、声强采用对数标度，称为声压级、声强级。最常用的是声压级，单位为分贝（dB）。人耳的听觉下限是 0 dB，低于 15 dB 的环境是极为安静的环境。在较为安静区域的室内，其声压级一般在 30～35 dB。你如果住在繁华的闹市区或是交通干线附近，将不得不忍受40～50 dB（甚至更高）的噪声。人们正常讲话的声音是 60～70 dB，大声呼喊可达 100 dB。在餐厅中，往往由于缺乏吸声处理，人声鼎沸，声音将达到 70～80 dB。有国外研究报道噪声中进餐会影响健康。人耳的听觉上限一般是 120 dB，超过 120 dB 的声音会造成听觉器官的损伤，超过 140 dB 的声音会使人失去听觉。高分贝喇叭、重型机械、喷气飞机引擎等都能够产生超过 120 dB 的声音。通过级的概念，从听阈到痛阈范围相差一百万倍的差别被压缩为 0～120 dB，提高了计算的简明程度。

2. 噪声的来源与危害

从物理角度，噪声是发声体做无规则振动时发出的声音，属于感觉公害。世界卫生组织曾就全世界的噪声污染情况进行调查，结果显示，美国及其他发达国家的噪声污染问题越来越严重。在美国，生活在 85 dB 以上噪声污染环境中的居民人数 20 年来上升了数倍。在欧盟国家，40%的居民几乎全天受到交通噪声的干扰，这些居民相当于每天生活在 55 dB 的噪声环境中，其中 20%的人受到的交通噪声污染超过 65 dB。另外，在日本的全国性住宅调查中显示，居民不喜欢住在集合住宅中，其主要原因就是噪声污染大。噪声的污染问题已经成为全球性的研究课题。

1）现代城市噪声的四种主要来源

（1）交通噪声，主要是机动车辆、飞机、火车、轮船等交通工具在运行时发出的噪声，这些噪声是流动的，干扰范围大。我国大中城市中，2005 年交通干线两侧区域噪声超标的城市达 68.9%，全国有 2/3 的城市居民生活在噪声超标的环境中。

（2）工业噪声，是工业生产劳动中产生的噪声，主要来自机器摩擦、运转与振动，可达 70～80 dB。

（3）建筑施工噪声，主要指建筑施工现场产生的噪声，如因各种机械的挖掘、打洞、搅拌、运输等产生的噪声。施工场地平均噪声已超过 90 dB。

（4）社会生活噪声，指人们在商业交易、比赛等各种社会活动中产生的喧闹声，以及各种家电设备的运行噪声。各种家电设备的运行噪声一般在 80 dB 以下，如洗衣机工作时产生的噪声在 50～70 dB，电冰箱工作时产生的噪声在 40～70 dB，公共建筑的制冷机工作时产生的噪声高达 90 dB。

我国城市区域噪声的声源结构为：交通噪声占 23.5%，工业噪声占 10.7%，建筑施工噪声占 3.5%，社会生活噪声占 51.6%，其他噪声占 10.7%。2015 年度全国城市声环境质量报告指出，影响范围最广的是社会生活噪声，其次是交通噪声，影响强度最大的是交通噪声。从以上数据不难看出，噪声污染不容乐观。噪声具有局部性、暂时性和多发性的特点，它给人带来生理和心理上的危害。

2）噪声的主要危害

（1）干扰休息和睡眠，降低工作效率。

噪声使人难以入睡，当人辗转不能入睡时，便会心情紧张，呼吸急促，大脑兴奋不已，第二天就会感到疲倦或四肢无力，影响学习或工作。久而久之，就会得神经衰弱综合征，表现为失眠、耳鸣、疲劳。有专家研究表明，一个人只要受到一次突然而至的噪声干扰，就会丧失 4 s 的思想集中。70 dB 左右的噪声可使人心神不宁，听觉疲劳，反应迟钝，注意力分散，理解能力下降，情绪波动，严重影响工作效率。

（2）影响听力，损害身体健康。

人若长时间遭受强烈噪声作用，听力就会减弱，进而导致听觉器官损伤，造成听力下降。而且，噪声还对人的心血管系统、神经系统、内分泌系统产生不利影响，所以有人称噪声为"致人死命的慢性毒药"。调查发现，生活在高速公路旁的居民，心肌梗死率增加了 30%左右。有人曾调查 1 101 名纺织女工，结果发现，在她们当中高血压发病率为 7.2%，其中接触 100 dB 噪声者，高血压发病率达 15.2%。

（3）影响视力。

实验表明，当噪声达到 90 dB 时，人的视觉细胞敏感性下降，识别弱光反映时间延长；当噪声达到 95 dB 时，有 40%的人瞳孔放大，视觉模糊；而当噪声达到 115 dB 时，多数人的眼球对光亮度适应都有不同程度的减弱。所以长时间处于噪声环境中的人很容易发生眼疲劳、眼痛、眼花等眼睛损伤现象。

基于上述噪声的主要来源及危害，从建筑规划设计到施工，人们越来越注意到要适应现代生活观念的转变和提高对生活质量的要求，更注重建筑环境的设计和建设及建筑功能的改善等。近年来，我国某些示范住宅小区的建设也体现了绿色建筑本身所创造的舒适性发展的特点。噪声的危害逐渐引起人们的重视，这便体现了声环境控制的重要性。

以住宅小区为例，小区外，交通噪声作为城市环境的主要噪声源，其强度大、覆盖面广，对区域声环境质量影响大；小区内，公建配套设施等所带来的社会生活噪声作为小区环境的主要噪声源，其持续时间长，对住宅小区声环境的影响也不可以忽视。小区外的交通噪声和小区内的社会生活噪声是影响住宅建筑的居住小区声环境质量的重要因素，其广泛而频繁地污染着我们的声环境。因此，如何控制噪声对住宅小区声环境的影响已经成为一个刻不容缓的问题，这也是提升小区整体质量及提高人们生活舒适性的一个重要方面。

3. 噪声评价

噪声评价是对各种环境条件下的噪声做出其对接受者影响的评价，并用可测量计算的评价指标来表示影响的程度。噪声测量中，人们往往通过声学仪器反映噪声的客观规律。

声压级越高,噪声强度越强;声压级越低,噪声强度越弱。但是当涉及人耳听觉时,只用声压、声压级、频带声压级等参数就不能说明问题了。对可听声频率范围以外的次声和超声,尽管其声压级很高,人耳也听不见。

噪声对人的心理和生理产生的影响是多方面的。为了正确反映各种噪声对人产生的影响,应当把噪声的主观评价量同客观物理量联系起来。描述噪声特性的方法可分为两类:一类是把噪声单纯地作为物理扰动,用描述声波客观特性的物理量反映噪声的特性,这是对噪声的客观量度;另一类是涉及人耳的听觉特性,根据听者感觉到的刺激来描述,这是对噪声的主观评价。

对噪声的评价常采用统计的方法,即依靠足够数量的人们对噪声主观反映的对比性调查,得出统计的平均量,主要评价量有 A 声级、等效连续声级、累计分布声级。

1)A 声级

在测量仪器中对不同频率的客观声压级人为地给予适当的增减,这种修正方法称为频率计权。实现这种频率计权的网络称为计权网络,有 A、B、C、D 四种计权网络。A 计权声压级是模拟人耳对 55 dB 以下低强度噪声的频率特性;B 计权声压级是模拟 55~85 dB 的中等强度噪声的频率特性;C 计权声压级是模拟高强度噪声的频率特性;D 计权声压级是对噪声参量的模拟,专用于飞机噪声的测量。A、B、C 计权声压级的主要差别在于对低频成分的衰减程度:A 计权声压级衰减最多,B 计权声压级次之,C 计权声压级最少。实践证明,A 计权声压级测量的结果与人耳对声音的响度感觉相近似,用 A 计权声压级分贝数对噪声进行次序排列时,能够较好反映人对各种噪声的主观评价,故实际中较常采用 A 计权声压级,简称 A 声级,单位也是 dB,记作 dB(A)。

2)等效连续声级

等效连续 A 计权声压级,这里简称等效连续声级,是指在规定的时间内,若某一连续稳态声的 A 声级具有与时变的噪声相同的均方 A 声级,则这一连续稳态声的声级就是此时变噪声的等效声级。A 声级能较好地反映人耳对噪声的强度与频率的主观感觉,因此对一个连续稳态噪声,它是一种较好的评价方法,但对一个起伏的或不连续的噪声,A 声级就不合适了。例如,交通噪声随车流量和种类而变化;又如,一台机器工作时其声级是稳定的,但由于它是间歇地工作,与另一台声级相同但连续工作的机器相比,它们对人的影响就不一样。因此人们提出了等效连续声级评价方法,也就是在一段时间内能量平均的方法,它是用一个相同时间内声能与之相等的连续稳定的 A 声级来表示该段时间内噪声的大小。例如,有两台声级同为 85 dB 的机器,第一台连续工作 8 h,第二台间歇工作,其有效工作时间之和为 4 h。显然,第一台机器产生的噪声对操作工人的影响大于第二台。因此等效连续声级反映在声级不稳定的情况下,人实际所接受的噪声能量的大小,它是一个用来表达随时间变化的噪声的等效量。

等效连续声级的概念相当于用一个稳定的 A 声级值为 L_{eq} 的连续噪声等效于起伏噪声,两者在观察时间内具有的能量相同。一般在实际测量时,多半是间隔读数,当读数时间间隔相等时,即当 T_i 都相同时,计算等效连续声级的公式如下:

$$L_{eq} = 10\lg\left[\frac{1}{n}\left(\sum_{i=1}^{n}10^{0.1L_{Ai}}\right)\right] \qquad (10-1)$$

式中：L_{Ai}——在某测点上第 i 次测得的 A 声级，dB（A）；

$\qquad$ n——在该测点上的测量次数，对于每个测点取 $n=200$；

$\qquad$ L_{eq}——测点的等效连续声级，dB（A）。

建立在能量平均概念上的等效连续声级，被广泛应用于各种噪声环境的评价中。需注意的是，它对偶发的短时的高声压级噪声出现不敏感。例如，在寂静的夜间有为数不多的高速卡车飞驰而过，尽管卡车驶过时短时间内声压级很高，并对路旁住宅内居民的睡眠造成了很大干扰，但对将整个夜间噪声能量进行平均而得出的 L_{eq} 值却影响不大。

3）累计分布声级

对于随机起伏的噪声，如交通噪声，也可以用概率统计的方法来处理，即在同一段时间 T 内进行随机采样，获得一组测量值，将它进行分级统计。整理出 L_{10}、L_{50}、L_{90} 三个累计分布声级，其中 L_{10} 代表 10%的时间超过的噪声级，它相当于噪声的平均峰值；L_{50} 代表 50%的时间超过的噪声级，它相当于噪声的平均值；L_{90} 代表 90%的时间超过的噪声级，它相当于噪声的本底值。

具体的统计方法是排队法，把每一个测点测得的全部 200 个数据作为样本，以数据的大小作为排队先后的依据，从小到大依次排列，然后选取排列在第 20 位的声级值作为 L_{90}，这是由于从第 21 位数据开始到第 200 位数据中，有 180 个声级都大于它。依此类推，排在第 100 位的声级值即为 L_{50}，排在第 180 位的声级值即为 L_{10}。

如果排队的次序倒过来，按从大到小的顺序排列，那么排在第 20 位的声级值即为 L_{10}，排在第 100 位的声级值是 L_{50}，排在第 180 位的声级值是 L_{90}。

为了进一步弄清测点上噪声的平均值与样本的离散情况，还要计算出样本的标准差 σ，可按下式计算：

$$\sigma = \sqrt{\frac{1}{n-1}\sum_{i=1}^{n}(L_{Ai} - \overline{L_A})^2} \qquad (10-2)$$

式中：L_{Ai}——第 i 次测量的 A 声级，dB（A）；

$\qquad$ $\overline{L_A}$——200 个样本读数的算术平均值，dB（A）；

$\qquad$ n——测量得到的 A 声级个数，对于每个测点取 $n=200$。

10.2　实　验　内　容

对周边环境噪声现状进行调查，用累计分布声级和等效连续声级来加以评价。环境噪声测量一般应选在无雨、无雪的天气（有雨、雪等特殊条件要求的测量除外），风力在三级以上时传声器上应加防风罩以避免风噪声的干扰，大风天气应停止测量。

10.2.1 实验仪器

1. 便携式声级计

测量仪器采用便携式声级计（如图 10-1 所示），使用时可手持或固定在测量三脚架上。传声器要放在距地面 1.2 m 高度处，并要求距传声器 1 m 以内无反射面存在。

2. 声级校准器

声级校准器用来对声级计和其他声学测量仪器做声压校准，外形如图 10-2 所示。它的显著特点是体积小，重量轻，耗电小，性能稳定，使用方便。与活塞发生器（频率 250 Hz，声压级 124 dB）相比，它的校准声压级 94 dB 接近通常进行的声学测量中测得的声压级。它的工作频率为 1 000 Hz，校准时与声级计所用计权网络无关（A、B、C、D 计权网络在 1 000 Hz 时衰减均为零）。

图 10-1　便携式声级计

图 10-2　声级校准器

10.2.2 实验步骤

（1）在所测区域平均布点，并应尽量均匀。测量位置的选择一定要满足标准户外测量的要求，若两相邻点之间因距离过大或某点靠近强声源，两点等效声级差值超过 5 dB 以上，可在两测点间增加一个测点。其测量值分别与两点原测量值做算数平均，得到两点修改后的测量值。

（2）测量的数值是一定时间间隔（通常为 5 s）的 A 声级瞬时值，动态特性选择慢响应。环境噪声属于非周期变动噪声，具有较大的随机性，国家标准《声学　环境噪声的描述、测量与评价　第 1 部分：基本参量与评价方法》（GB/T 3222.1—2006）要求噪声测量的统计量使用累计分布声级和等效连续声级。因此噪声测量时要采用等时抽样技术，除了使用具有自动记录和分析功能的声级计测量的情况外，测量时的读数必须遵守一定的规则。

（3）测量时间分为昼间（6:00—22:00）和夜间（22:00—6:00）两部分。白天测量一般选在 8:00—12:00 或 14:00—18:00，夜间一般选在 22:00—5:00。随地区和季节不同，上述时间可稍做更改。

（4）在所测区域上平均布置 A、B、C、D 四个测点进行测量，每隔 5 s 记录数据，每次共记录 200 个数据。测点选在受影响者的居住或工作建筑物外 1 m，传声器置于高于地面 1.2 m 以上的噪声影响敏感处。传声器对准声源方向，附近应没有别的障碍物或反射体，无法避免时应背向反射体，同时应避免围观人群的干扰。当测点附近有固定声源或交通噪声干扰时，应加以说明。

（5）将各测点每次测得的 200 个数据从大到小进行排列，确定 L_{10}、L_{50}、L_{90}，数据整理参照表 10-1。

（6）按上述规定，参照上述计算方法进行噪声统计，数据整理参照表 10-2。

表 10-1　测点累计分布声级

地点				测试时间			
仪器				主要噪声来源			
测试时间	A 声级/dB（A）	测试时间	A 声级/dB（A）	测试时间	A 声级/dB（A）	测试时间	A 声级/dB（A）

表 10-2　累计分布声级和等效连续声级

	测点 1	测点 2	测点 3	测点 4
L_{10}/dB（A）				
L_{50}/dB（A）				
L_{90}/dB（A）				
σ				
等效连续声级/dB（A）				
等效连续声级平均值/dB（A）				

10.2.3　实验分析与讨论

（1）被测区域位置说明。

（2）被测区域噪声水平评价与分析。

（3）实验误差分析。

10.2.4　实验注意事项

（1）当声级计校准时，为保护振膜，千万不要旋出声级校准器的耦合腔。

（2）除非更换电池，一般不可旋下后罩，更不可旋动印制板上的可调电位器和电感，否则将影响校准器频率和声压级。

（3）测试读数时，防止读数声音干扰声级计测量值。

10.2.5　国家相关标准与规范

（1）《声环境质量标准》（GB 3096—2008）。

（2）《声环境功能区划分技术规范》（GB/T 15190—2014）。

10.3　实　验　思　考

（1）简述噪声的主要来源。

（2）请查阅相关资料后简述控制环境噪声的措施是什么。

实验 11 驻波管吸声系数测量实验

实验目的与要求

（1）理解多孔吸声材料的吸声原理，了解吸声材料吸声系数的测量方法。

（2）驻波管法是测量材料吸声系数的方法之一，测量的是当声波垂直入射时材料的吸声系数值。通过实验，进一步理解驻波管法的基本原理。

11.1 基 础 知 识

1. 多孔吸声材料的吸声原理

多孔吸声材料是普遍应用的吸声材料，其中包括各种纤维材料：超细玻璃棉、离心玻璃棉、岩棉、矿棉等无机纤维，棉、毛、麻、棕丝、草质或木质纤维等有机纤维。纤维材料很少直接以松散状使用，通常是用胶黏剂制成毡片或板材，如玻璃棉毡（板）、岩棉板、矿棉板、木丝板、软质纤维板等。微孔吸声砖等也属于多孔吸声材料。泡沫塑料，如果其中的空隙相互连通并通向外表面，可作为多孔吸声材料。

多孔吸声材料具有良好吸声性能的原因，不是因为表面的粗糙，而是因为多孔材料具有大量内外相通的微小孔隙和孔洞。图 11-1 表示了粗糙表面和多孔材料的差别。那种认为粗糙墙面（如拉毛水泥）吸声好的概念是错误的。当声波入射到多孔材料表面上时，声波能顺着微孔进入材料的内部，引起孔隙中空气的振动。空气的黏滞阻力、空气与孔壁的摩擦和热传导作用等，使相当一部分声能转化为热能而被损耗。因此，只有孔洞对外开口，孔洞之间互相连通且孔洞深入材料内部，才可以有效地吸收声能。这一点与某些隔热保温材料的要求不同。如聚苯、部分聚氯乙烯泡沫塑料及加气混凝土等材料，其内部也有大量气孔，但大部分气孔单个闭合且互不连通（如图 11-2 所示），它们可以作为隔热保温材料，但吸声效果却不好。

2. 影响多孔材料吸声特性的因素

多孔材料一般对中、高频声波具有良好的吸声特性。影响和控制多孔材料吸声特性的因素主要是材料的孔隙率、结构因子和空气流阻。孔隙率是指材料中连通的孔隙体积和材料总体积之比，结构因子是由多孔材料结构特性所决定的物理量，空气流阻反映了空气通

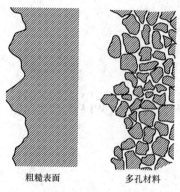

粗糙表面　　　　　多孔材料

图 11-1　粗糙表面和多孔材料

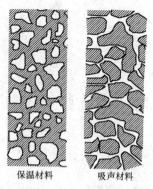

保温材料　　　吸声材料

图 11-2　保温材料与吸声材料

过多孔材料阻力的大小。三个影响因素中以空气流阻最为重要，它定义为：当稳定气流通过多孔材料时，材料两面的静压差和气流速度之比。单位厚度材料的流阻被称为比流阻。当材料厚度不大时，比流阻大，声能因摩擦力、黏滞阻力而损耗的效率就低，吸声性能就差。所以，多孔材料存在最佳比流阻。当材料厚度充分大、比流阻小时，其吸声性能好。

在实际工程中，测定材料的空气流阻、孔隙率通常有困难，但可以通过表观密度加以粗略控制。同一种纤维材料，表观密度越大，孔隙率越小，比流阻越大。随着材料厚度的增加，其对中、低频声音的吸声效果显著增加，但对高频声音的吸声效果却影响不大。当材料厚度不变时，增加表观密度也可以提高其对中、低频声音的吸声效果，不过比增加厚度的效果小。在同样用料情况下，当材料厚度不受限制时，多孔材料以松散为宜。密度继续增加，材料密实则会引起空气流阻增大，减少空气穿透量，引起吸声系数下降，所以材料密度也有一个最佳值。但在同样密度条件下，增加厚度并不改变比流阻，所以吸声系数一般总是增大。但当材料厚度增至一定时，其吸声特性的改善就不明显了。

多孔材料的吸声特性还和安装条件密切相关。当多孔材料与安装结构（如墙面）之间留有空腔时，与该空气腔用同样的多孔材料填满相比，其吸声效果近似。这时其对中、低频声音的吸声效果，比材料实贴在硬底面上会有所提高，其吸声系数随空气层厚度的增加而增加，但增加到一定值后效果就不明显了。

在实际使用中，会对多孔材料做各种表面处理。为了尽可能地保持原来材料的吸声特性，饰面应具有良好的透气性，如用金属格网、塑料窗纱、玻璃丝布等饰面。这种饰面对多孔材料的吸声性能影响不大。也可以用厚度小于 0.05 mm 的极薄柔性塑料薄膜、穿孔薄膜、穿孔率在 20% 以上的穿孔薄板等饰面，这样做会使吸声特性多少受到影响，尤其对高频声音的吸声效果会有所降低。膜越薄，穿孔率越大，对吸声性能的影响越小。但使用穿孔板面层时，对低频声音的吸声效果会有所提高。

对于一些成型的多孔材料板材，如木丝板、软质纤维板等，在进行表面粉饰时，要防止涂料把孔隙封闭，以采用水质涂料喷涂为宜，不宜采用油漆涂刷。高温高湿不仅会引起材料变质，而且会影响其吸声特性。材料一旦吸湿吸水，材料中的孔隙就要减少，首先使其对高频声音的吸声效果降低，然后随着含湿量增加，影响的频率范围将进一步扩大。在一般建筑中，温度引起的吸声特性变化很小，可以忽略。多孔材料用于有气流的场合时，如通风管道和消声器内，要防止材料的飞散。对于棉状材料，如超细玻璃棉，当气流速度在每秒几米时，可用玻璃丝布、尼龙丝布等做护面层；当气流速度大于 20 m/s 时，则还要外加金属穿孔板面层。

11.2　实 验 内 容

在厅堂音响设计中，特别是在音质设计中，要广泛地选用各种吸声材料，不同材料的吸声性能不一样。本实验用驻波管法测量试件的吸声系数。

11.2.1　实验仪器

在本实验中，最主要的实验仪器为驻波管测试系统。该系统符合《声学　阻抗管中吸声系数和声阻抗的测量　第 1 部分：驻波比法》（GB/T 18696.1—2004）标准要求，经大量实验改进优化设计而成。本系统主要由功率放大器、频谱分析仪、驻波管、计算机发声和处理软件、扬声器等组成。功率放大器用于调节功率输出；频谱分析仪用于分析传声器的信号频率，含精密声级计和 1/3 倍频程滤波器；驻波管用高密度、高硬度的优质金属加工而成，配置高、中、低频管；计算机发声和处理软件则用于发声控制，同步显示和采集声压信号，并可自动处理数据，生成吸声特性曲线。

其中，声学测量用的驻波管是一根内壁坚硬、光滑且截面均匀的圆管或者方管。管子末端有一个可以拆下来的试件筒，其内可以放置待测的材料试件，管子的另一端可以放置扬声器。驻波管测试系统示意图如图 11-3 所示，其主要技术指标如表 11-1 所示。

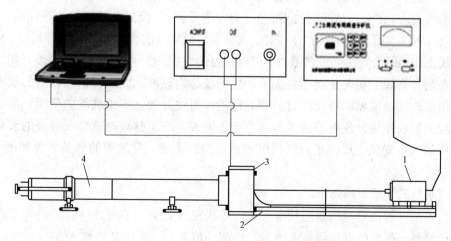

1—测试车；2—导轨；3—声源箱；4—测试管

图 11-3　驻波管测试系统示意图

表 11-1 驻波管测试系统主要技术指标

功率放大器	额定功率 100 W
扬声器	阻抗为 8 Ω，频率范围：0~8 000 Hz
频谱分析仪	测试范围：30~140 dB
	频率范围：0.2~20 000 Hz，频响≤±0.2 dB 内置 1/1 倍频程和 1/3 倍频程滤波器
驻波管	低频管：频率范围 200~2 000 Hz，直径 100 mm
	中频管：频率范围 2 500~4 000 Hz，直径 50 mm
	高频管：频率范围 5 000~6 300 Hz，直径 29 mm
系统总长	3 700 mm
电源要求	220 V（1±10%），50 Hz（1±10%）
环境要求	10~35 ℃

　　扬声器从信号源（正弦信号发生器）得到纯音信号，在驻波管中产生平面波，当声波达到另一端的吸声材料表面时，声波产生反射，反射波和入射波就在管中产生驻波，产生固定的波节和波腹，建立起驻波声场。在波腹处形成声压极大值，在波节处形成声压极小值。若反射面材料的吸声系数大，则反射声压小，干涉后它减低入射声的声压值也小，驻波声压波腹和波节的相差值就不大。如反射面材料的吸声系数非常小，则反射声压很大，则干涉后驻波声压波腹与波节的相差值就大。若完全反射，驻波波节声压值为零。

11.2.2 实验原理

　　使用驻波管测量材料的吸声系数时利用声音的驻波干涉原理。依据物理学的声波干涉原理，当一束声波垂直入射到一个刚性壁面上时，由于刚性壁面不能被空气质点所击动，因此在撞击点上（在空气与壁面的界面上）会发生反射，其反射波沿原来的路程反向传播，从而导致入射波与反射波彼此产生干涉。入射波与反射波的振幅与波长又都相同，它们在同一直线上相遇时会产生两波的叠加，但有相位的差别。物理学上把振幅与波长相同的两列声波在同一直线上相向传播而叠加后产生的波称为驻波。驻波管测量材料的吸声系数就是利用这一驻波现象，将待测材料作为阻挡入射波并使之产生驻波的壁面。由于材料对入射波的吸收作用，反射波的声压会小于入射波，产生驻波时就会在驻波的波腹与波节的声压的大小变化上反映出材料的吸声系数的差别来。驻波管的测量原理如图 11-4 所示。

　　吸声系数的计算步骤如下。

　　（1）调节声频信号发声器的频率开关，依次发出 125~4 000 Hz 的各 1/3 倍频程声频信号，记录每一频率的声压级极大值 $L_{p_{\max}}$、极小值 $L_{p_{\min}}$，求出其差值 ΔL_p：

$$\Delta L_p = L_{p_{\max}} - L_{p_{\min}} \tag{11-1}$$

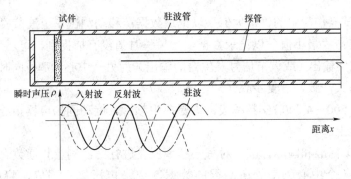

图 11-4　驻波管的测量原理

（2）计算相应的驻波比 n：

$$\Delta L_p = L_{p_{max}} - L_{p_{min}} = 20\lg n$$

$$n = 10^{\Delta L_p / 20}$$

（11-2）

（3）计算材料在不同频率下的吸声系数 α_0，绘制频率特性曲线。α_0 的计算公式为

$$\alpha_0 = 4n / (1+n)^2$$

（11-3）

11.2.3　实验步骤

（1）当系统各部分确认断电后进行系统连接，若各部分已连接，则依序检查连接。

① 实验采用计算机声卡发出的正弦信号进行测试，需用系统所配传输线，一端接入计算机耳机接口，另一端接入功率放大器的输入端。若使用信号发生器提供正弦信号，则将发生器输出端接入功率放大器的输入端。

② 将驻波管上声源箱的输入线接功率放大器的输出端。

③ 将测试车的 BNC 头接入频谱分析仪输入端，将频谱分析仪的 RS232 输出用连接线与电脑串口相连。

④ 打开各部分电源。

（2）旋下试件筒，安装试件，在试件外圆周边涂密封油，旋上试件筒并锁紧。

（3）逆时针调节功率放大器输出旋钮到最小刻度，打开功率放大器电源。

（4）打开计算机桌面上的实验操作软件，设置串口号（与实际计算机的输出串口一致，默认为 COM1），并单击"确定"按钮。如果用信号发生器提供正弦信号，则应将信号发生器的输出频率设置为 200 Hz。确定无误后，单击测试操作栏中的"开始"按钮。

（5）随实际情况调节频谱分析仪的量程挡位使指针基本处在表盘中间，测量范围调到中挡（30~120 dB），测试速度调到 F 挡。打开电源（此操作可提前），待机 3 min 后开始测量。测量时，调节"模式"到 1/3 倍频程挡，频谱分析仪频率同计算机声音信号输出频率会自动同步（但若使用信号发生器，则需手动设置使频率一致）。

（6）移动测试车到驻波管刻度"200 M"处（驻波波腹附近），观察频谱分析仪表盘，轻微调节功率放大器。

（7）在"200 M"附近移动测试车，仔细调节，找到最大值（应在刻度"200 M"附近），单击"测试操作"中的"最大值"以记录数据；移动测试车至波节"200 M"附近，找出极小值，单击"最小值"以记录数据。如果瞬时值没有捕捉到，可以手动输入数值。

（8）设置软件输出（或调节信号发生器的输出）为另一中心频率，同时调节频谱分析仪的中心频率与其一致，重复步骤（5）、（6）、（7）。

（9）如测 2 500～4 000 Hz 频率段，需更换中频管。旋动同扬声器箱连接的滚花大螺母，将中频管换上。

（10）按国家标准和国际标准，对每一频率反复进行三次测量和读数。

（11）记录各个中心频率处所测得的数据，记录声压级实测值，将相关数据填入表 11－2 中。

表 11－2　测试数据记录

中心频率/Hz	最大声压级/dB	最小声压级/dB	声压级差值/dB	吸声系数
200				
250				
315				
400				
500				
630				
800				
1 000				
1 250				
1 600				
2 000				

（12）利用配套软件的内置信号发生功能，可发出单频正弦波信号，同步显示和采集声音信号，自动计算吸声系数，并生成吸声特性曲线。

（13）实验结束后，关闭电源，取出试件并将测试车复位。

11.2.4　实验分析与讨论

（1）材料吸声性能分析与评价。

（2）实验误差分析。

11.2.5　实验注意事项

（1）严禁长时间超载测试，功率放大器输出严格按从小到大顺序调节，使专用频谱分析仪最大声压不要超过 110 dB，建议平时测量控制在 100 dB 左右。尤其是在低频时，功率放大器旋钮旋动一个刻度左右即可，功率放大器的刻度不得超过 4。

（2）测试台要有减振垫，信号源等仪器不要和驻波管接触，尽可能处于远离测试车的位置。

（3）安装试件时，要严格密封活塞与管壁及试件管端面与主管。要求试件安装后，其端面与管的端面平齐,并且试件后端面与活塞端面之间没有空隙,紧密贴合。

(4)调节功率放大器时应谨慎,不得使读数超过 110 dB,否则将对仪器造成损害。

(5)测试时,移动测试车要轻、要慢,尤其是最小声压值,需耐心寻找。

(6)试件制作时要工整均匀。

11.2.6 国家相关标准与规范

(1)《声学 阻抗管中吸声系数和声阻抗的测量 第 1 部分:驻波比法》(GB/T 18696.1—2004)。

(2)《声环境功能区划分技术规范》(GB/T 15190—2014)。

11.3 实 验 思 考

(1)多孔吸声材料具有怎样的吸声特性?随着材料表观密度、厚度的增加,其吸声特性有何变化?试以超细玻璃棉为例予以说明。

(2)已知某声压级测量结果:中心频率为 125 Hz、250 Hz、500 Hz、1 000 Hz、2 000 Hz、4 000 Hz 的倍频程声压级分别为 85 dB、95 dB、98 dB、101 dB、104 dB、95 dB。请查阅相关资料后求此频率范围内的总声压级(需计算过程)。

实验 12　建筑隔声测量实验

实验目的与要求

（1）了解如何减少外界的声音传入室内或者室内的噪声传入邻室形成干扰。

（2）通过实验了解墙体、楼板和门窗等构件的隔声性能，理解隔声设计和施工原理。

12.1　基 础 知 识

建筑隔声包括空气声隔声和结构声隔声两个方面。所谓空气声，是指经空气传播或透过建筑构件传至室内的声音，如人们的谈笑声、交通噪声等。所谓结构声，是指机电设备运行、地面或地下车辆行驶及打桩等造成的振动，经地面或建筑构件传至室内结构而辐射出的声音。在建筑物内，空气声和结构声是可以互相转化的。减少空气声的传递要从减少或阻止空气的振动入手，而减少结构声的传递则必须采取隔振或阻尼的办法。

1. 建筑隔声设计

1）选定合适的隔声量

对特殊建筑物（如音乐厅、录音室、测听室）的构件，可按其内部容许的噪声级和外部容许的噪声级的大小来确定所需构件的隔声量。对于普通住宅、办公室、学校等建筑，由于受材料、投资和使用条件等因素的限制，选取围护结构隔声量时要综合各种因素，确定一个最佳数值，通常可用居住建筑隔声标准所规定的隔声量。

2）采取合理的布局

在进行隔声设计时，最好不用特殊的隔声构造，而是利用一般的构件和合理布局来满足隔声要求。如在设计住宅时，厨房、厕所的位置要远离邻户的卧室、起居室。对于剧院、音乐厅等，则可用休息厅、门厅等形成声锁，以满足隔声的要求。为了减少隔声设计的复杂性和投资额，在建筑物内应该尽可能将噪声源集中起来，使之远离需要安静的房间。

3）采用隔声结构和隔声材料

对于某些需要特别安静的房间，如录音棚、广播室、声学实验室等，可采用双层围护结构或其他特殊构造来保证室内的安静。在普通建筑物内，若采用轻质构件，则常用双层构造以满足隔声要求。为减少楼板撞击声带来的干扰，通常采用弹性或阻尼材料来做面层或垫层，或在楼板下增设分离式吊顶等。

4）采取隔振措施

建筑物内如有电机等设备，除了利用周围墙板隔声外，还必须在其基础和管道与建筑物的连接处安设隔振装置。如有通风管道，还要在管道的进风和出风段内加设消声装置。

2. 建筑隔声评价

为了保证室内环境的私密性，降低外界声音的影响，房间之间需要隔声。隔声与吸声是完全不同的概念，好的吸声材料不一定是好的隔声材料。描述空气声传声隔声性能的指标是隔声量，隔声量的定义是 $R = 10\lg(1/\tau)$，其中 τ 为透射声能与入射声能的比值，隔声量的单位为 dB。关于不同建筑的隔声标准详见《民用建筑隔声设计规范》（GB 50118—2010）。

3. 相关概念

1）空气声

声源经过空气向四周传播的声音即为空气声。

2）撞击声

在建筑结构上撞击而引起的噪声即为撞击声。

3）声压级差

在两室之中的一个房间内有一个或多个声源时，两室间所产生的按空间和时间平均的声压级差值即为声压级差，单位为 dB，由下式给出：

$$D = L_1 - L_2 \tag{12-1}$$

式中：D——声压级差，dB；

    L_1——声源室内的平均声压级，dB；

    L_2——接收室内的平均声压级，dB。

4）规范化声压级差

规范化声压级差为采用接收室内参考吸声量修正的声压级差，单位为 dB，由下式给出：

$$D_n = D - 10\lg\frac{A}{A_0} \tag{12-2}$$

式中：D_n——规范化声压级差，dB；

    D——声压级差，dB；

    A——接收室内吸声量，m^2；

    A_0——参考吸声量，m^2。

5）标准化声压级差

标准化声压级差为采用接收室内参考混响时间修正的声压级差，单位为 dB，由下式给出：

$$D_{nT} = D + 10\lg\frac{T}{T_0}$$
(12-3)

式中：D_{nT}——标准化声压级差，dB；

D——声压级差，dB；

T——接收室内混响时间，s；

T_0——参考混响时间，s。

6）单值评价量

按照国家标准《建筑隔声评价标准》（GB/T 50121—2005）规定的方法，综合考虑了关注对象在 100～3 150 Hz 中心频率范围内各 1/3 倍频程（或 125～2 000 Hz 中心频率范围内各 1/1 倍频程）的隔声性能后所确定的单一隔声参数，即为单值评价量，单位为 dB。

7）计权隔声量

计权隔声量是表征建筑构件空气声隔声性能的单值评价量，单位为 dB。计权隔声量宜在实验室测得。

8）计权标准化声压级差

计权标准化声压级差为以接收室的混响时间作为修正参数而得到的两个房间之间空气声隔声性能的单值评价量。

12.2　实　验　内　容

12.2.1　实验仪器

建筑隔声测试系统包括：实时频谱分析仪、标准撞击器、噪声发生系统及配套的测试软件。系统之间通过蓝牙技术可组成无线多通道测试系统并可双向通信，与声源和撞击器组成双向控制测试系统。

1）实时频谱分析仪

实时频谱分析仪如图 12-1 所示。该仪器符合《声学　建筑和建筑构件隔声测量　第 6 部分：楼板撞击声隔声的实验室测量》（GB/T 19889.6—2005）和《声学　建筑和建筑构件隔声测量　第 7 部分：楼板撞击声隔声的现场测量》（GB/T 19889.7—2005）测试标准对 1 级积分声级计的要求，可在 1/3 倍频程（10～20 000Hz）、1/1 倍频程（31.5～16 000Hz）模式下测量，同时测量多达 84 个主要参数，且在一个测试范围内：23～140 dB（A、C、Z 计权模式）。

2）标准撞击器

标准撞击器如图 12-2 所示。依据标准 ISO 140-6 和 ISO 140-7 使用标准撞击器测试楼板隔声。

图 12-1　实时频谱分析仪

图 12-2　标准撞击器

3）噪声发生系统

噪声发生系统如图 12-3 所示，它由噪声发生器、功率放大器和全指向性声源组成。其中，噪声发生器符合国际化标准组织制定的测试建筑隔声或建筑构件隔声相关标准，其最大声压达 120 dB，低频衰减小，可产生白噪声、粉红噪声、滤波状态下粉红噪声（1/3 倍频程 50～5 000Hz）。功率放大器是一款专业的便携式音频功率放大器，适用于建筑隔声现场检测中声源的音频功率放大。全指向性声源是根据建筑声学测量的需要设计，它满足国际化标准组织制定的相关标准和我国的相关标准。声源采用 12 面体金属结构，每一个面上均安装一个扬声器。扬声器经特殊选择，有良好的低频特性。

4）测试软件

该软件具有计算和分析功能，并可生成报告。报告可直接打印，也可保存为 PDF 文件或图片。

图 12-3　噪声发生系统

12.2.2　实验原理

测量隔墙一侧发声室与另一侧受声室的声压级值 L_{p1} 与 L_{p2}，进而得到发声室的声压级与受声室的声压级之差值。根据以下公式可计算出各频率的空气声隔声量 R：

$$R = L_{p1} - L_{p2} + 10\lg(S/A) \tag{12-4}$$

式中：L_{p1}——发声室的平均声压级，dB；

　　　L_{p2}——受声室的平均声压级，dB；

　　　S——构件面积，m^2；

　　　A——受声室的吸声量，m^2。

最后绘出隔墙的空气声隔声量的频率特性曲线，并按国家标准《建筑隔声评价标准》（GB/T 50121—2005）和《民用建筑隔声设计规范》（GB 50118—2010）求得计权隔声量 R_w。

12.2.3 实验步骤

（1）由于测试环境限制，本实验中选择墙体两侧的房间，一间房间作为声源室，另一间房间作为受声室，两房间中间的隔墙为测试试件，如图 12-4 所示。在具有相同形状和尺寸的两个空房间之间进行测量时，最好在每个房间内加装扩散体（如几件家具、建筑板材）。扩散体的面积至少为 1.0 m²，扩散体的数量一般为 3～4 个。除非事先约定好按倍频程测量，否则空气声隔声现场测量应以 1/3 倍频程测量。

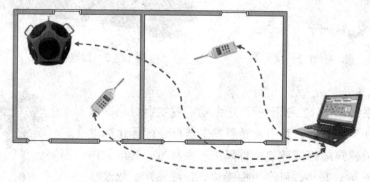

图 12-4　测试示意图

（2）平均声压级可以用一只传感器在室内不同位置测量获得，也可以用固定的传声器阵列或一个连续移动或转动的传声器获得。将传声器在不同位置测得的数值取平均值。

（3）按要求布置好声源，关闭好门窗，接好仪器设备。仪器应事先做好核对工作，并做必要的预热。

（4）将传声器放在规定的测点处，声源室和受声室的测点数都不少于 3 个，建议 5 个。传声器摆放位置应满足：两个传声器之间的最小距离为 0.7 m；任一传声器与房间边界或扩散体之间的最小距离为 0.5 m；任一传声器与声源之间的最小距离为 1.0 m。

（5）打开测试软件，新建隔声实验，实验设备操作与软件操作同步。

① 选取测试点；

② 搜索蓝牙；

③ 依次进行背景噪声测试、受声室测试、声源室测试、混响测试。

（6）调整信号源，发出 100～3 150 Hz 中心频率的 1/3 倍频程的白噪声。为了获取更多信息并且能与按标准《声学　建筑和建筑构件隔声测量　第 3 部分：建筑构件空气声隔声的实验室测量》（GB/T 19889.3—2005）进行的实验室测量结果相比较，建议把测量范围上限扩大至 4 000 Hz 或 5 000 Hz 的 1/3 倍频程。

（7）混响时间测量。声源停止发声大致 0.1 s 后开始从衰变曲线上计算混响时间。使用的衰变范围不能少于 20 dB，也不能太大以至于使观察的衰变不能接近一条直线。选用的衰变曲线的下端应至少高于背景噪声级 10 dB。对于每一频带的混响衰变，要至少测量 6 次，至少用 1 个扬声器和 3 个传声器位置。

（8）按照软件提示开始测试。

（9）依据《建筑隔声评价标准》（GB/T 50121—2005）中的方法对测量结果进行数值分析，相关数据填入表 12 – 1 中。

表 12 – 1　测量数值整理

1/3 倍频程中心频率/Hz	标准化声压级差 D_{nT}/dB
100	
125	
160	
200	
250	
315	
400	
500	
630	
800	
1 000	
1 250	
1 600	
2 000	
2 500	
3 150	
计权标准化声压级差 $D_{nT,w}$/dB	

（10）观察所得数据，分析报告。

12.2.4　实验分析与讨论

（1）描述被测建筑构件与所使用的实验装置，可用图示加以说明。

（2）说明被测试房间的相关系数，计算被测建筑构件的面积。

（3）测试方法和装置细节的简单说明。

（4）画出测试构件的空气声隔声性能曲线。

（5）建筑隔声性能评价。

（6）实验误差分析。

12.2.5　实验注意事项

（1）声源系统应稳定，在测量的频率范围内具有连续的频率。

（2）声源应具有足够的声功率，保证受声室内任何一频带的声压级比环境噪声声压级至少高 10 dB。

（3）受声室的混响时间不能太长，最好不大于 2 s。

（4）传声器放置高度应距地面 1.5 m 以上，各测点之间距离不小于 1.5 m。

（5）对背景噪声进行修正，测量背景噪声声压级，以保证在受声室的测量不受诸如受声室外噪声、接收系统电噪声或声源与接收系统的串音等外部噪声干扰。背景噪声级应比信号和背景噪声叠加的总声级至少低 6 dB（最好低 10 dB 以上）。如果声压级差小于 10 dB 而大于 6 dB，对声级的修正可以采用下式：

$$L = 10 \lg(10^{\frac{L_{ab}}{10}} - 10^{\frac{L_b}{10}}) \qquad\qquad (12-5)$$

式中：L——修正的信号声压级，dB；

L_{ab}——信号和背景噪声叠加的总声压级，dB；

L_b——背景噪声压级，dB。

12.2.6　国家相关标准与规范

（1）《建筑隔声评价标准》（GB/T 50121—2005）。

（2）《民用建筑隔声设计规范》（GB 50118—2010）。

（3）《声学　建筑和建筑构件隔声测量　第 4 部分：房间之间空气声隔声的现场测量》（GB/T 19889.4—2005）。

（4）《声学　建筑和建筑构件隔声测量　第 3 部分：建筑构件空气声隔声的实验室测量》（GB/T 19889.3—2005）。

（5）《声学　建筑和建筑构件隔声测量　第 6 部分：楼板撞击声隔声的实验室测量》（GB/T 19889.6—2005）。

（6）《声学　建筑和建筑构件隔声测量　第 7 部分：楼板撞击声隔声的现场测量》（GB/T 19889.7—2005）。

12.3　实　验　思　考

（1）简述噪声传播途径及构件隔声方法。

（2）混凝土墙表面的吸声系数为 0.02，该墙体总面积 100 m²。该噪声源隔墙的面积为 20 m²，墙厚 240 mm，平均隔声量为 50 dB。请查阅相关资料后求此房间的实际隔声量。

实验 13　厅堂混响时间测量实验

实验目的与要求

（1）学会用定量的方法分析室内声环境质量。

（2）了解室内声场的衰减过程，加深对混响时间物理意义的理解。

（3）掌握测量混响时间的原理和方法，巩固混响时间的概念及混响时间在厅堂音质设计中的应用。

13.1　基　础　知　识

混响时间是厅堂音质或室内音质的重要评价指标，从混响时间的长短，大致可以判断厅堂音质的好坏。事实上，房间混响是否适当，不仅仅关系到声音清晰度的大小，而且还直接关系到声音真实、自然的程度。主观听音是否丰满、温暖、清晰等都与混响是否适当密切相关。要把混响控制到适当的程度，首先要知道适当的混响时间是多少，又受什么因素的影响。通过对厅堂音质及其混响时间的大量测试、统计分析，以及主观听音评价，声学家提出了"最佳混响时间"的概念，语言清晰度的高峰段就是最佳混响时间的范围。最佳混响时间是对经大量音质效果评价认为较好的各种用途的厅堂（如音乐厅、歌剧院、电影院、报告厅、会议室、录音室、演播室等）实测的 500 Hz 和 1 000 Hz 满场（指实际使用状态，如座椅坐有观众）混响时间进行统计分析得出的。最佳混响时间与房间的用途和体积有关。

1. 决定最佳混响时间的因素

最佳混响时间不应过长，但也不是越短越好。房间容积不同、用途不同，要求的最佳混响时间也不同。最佳混响时间同时还受人们的主观感觉及民族风格等因素的影响，因此不同地方发表的数据是有差异的。

（1）不同用途对混响时间的要求不同。对音乐用途的厅堂，要求最佳混响时间应长一些，如音乐厅、音乐录音室等；对语言用途的房间，要求最佳混响时间短一些。

（2）不同的房间容积，要求不同的混响时间。如果房间较大，最佳混响时间也应相应长一些。这是因为房间空间增大，需要较大的响度才能使声音听起来更满意些，而增加混响时间能起到提高响度的作用。音乐厅的混响时间（1.5 s 左右）比听音室大得多，就是这个道理。

（3）最佳混响时间除了与房间容积和声音类别相关外，相对于各种实际情况，可能有10%～20%的变动范围。

2. 各类厅堂的最佳混响时间

1）音乐厅

人们对音乐往往不仅仅要求听清音符，而且希望相互之间有些"掩盖"，避免听到乐器的某些缺陷或不足，这样使声音更为丰满动听，因此音乐厅的混响时间通常比语言用厅堂的长一些为好。

国际上被评为乐声最富生气感的大厅，其中频混响时间多在 1.7～2.2 s，一般倾向于选择长混响时间。高频混响时间长的大厅，声音明亮，低频混响时间长的大厅，声音温暖。低频（125～250 Hz）混响时间宜略长于中频混响时间，混响时间宜为 1.2～1.25 s。音乐厅的混响时间还与音乐的类别和作品密切相关，原则上交响乐音乐厅要求混响时间较长，室内乐厅、合唱厅（演唱厅）次之，重奏（唱）和独奏（唱）厅较短。

2）语言用厅堂

由于人们对语言的满意程度主要取决于语言清晰度，因而用强吸声短混响。语言用厅堂容积不同，最佳混响时间也不同，如表 13-1 所示。

表 13-1　语言用厅堂 500～1 000 Hz 满场最佳混响时间范围

大厅容积/m³	<200	200～<500	500～<2 000
混响时间/s	0.3～<0.5	0.5～<0.6	0.6～<0.8

3）影剧院

影剧院是满足会议、电影放映及娱乐演出的多功能建筑，其声学设计要兼顾语言和音乐，所以有不同的混响时间要求，可采用可调混响装置（机械方式或电声方式）改变混响时间。

由于电影录音时的录音棚已考虑了对混响时间的要求，因此单一功能的电影院要求的混响时间比较短，特别是立体声电影院为了保证声像清晰，其要求的混响时间比放映单声道电影的电影院更短。表 13-2 给出了电影院 500～1 000 Hz 满场最佳混响时间范围。

表 13-2　电影院 500～1 000 Hz 满场最佳混响时间范围

大厅容积/m³		500～<2 000	≥2 000
混响时间/s	放映单声道电影	0.5～<0.8	0.8～<1.2
	放映立体声电影	0.4～<0.6	0.6～<1.0

4）娱乐场所

舞厅、歌厅、音乐茶座等娱乐场所要提供良好的听觉享受，一方面要采用高档次的音响设备，另一方面要有良好的声学环境，两者缺一不可，但声学环境是基础。经过大量的研究和实践验证，上述娱乐场所的最佳混响时间见表 13 – 3。

表 13 – 3　娱乐场所的最佳混响时间

大厅容积/m³		300	500	1 000	2 000
混响时间/s	舞厅		0.9	1.0	1.1
	音乐茶座、歌厅	0.8	0.9	1.0	

5）体育馆

体育馆比赛大厅的声学条件应以保证语言清晰为主，声学指标可参照《体育馆声学设计及测量规程》，结合体育馆的具体特点，避免回声等音质缺陷。表 13 – 4 是推荐的综合体育馆比赛大厅 500～1 000 Hz 满场最佳混响时间范围。

表 13 – 4　综合体育馆比赛大厅 500～1 000 Hz 满场最佳混响时间范围

比赛大厅容积/m³	≤40 000	40 000～<80 000	≥80 000
混响时间/s	1.2～1.4	1.3～1.6	1.5～1.9

6）家庭听音室

对于容积不大的家庭听音室，主要用于欣赏音乐。设计时，其最佳混响时间初始值应该适当取得大一些，至少不应小于 0.5 s。如果需要，在此基础上循序渐进地降低混响时间，通过试听找到符合自己喜好的最佳混响时间即可，一般在 0.3～0.5 s。

一般在厅堂音质设计时，把最佳混响时间作为设计依据。根据建筑的用途及容积大小查得中频（500～1 000 Hz）的混响时间，再确定高、低频的混响时间，将其作为设计指标。利用混响时间的计算公式求得所需的吸声量，通过选择合适的吸声材料，确定材料的数量（面积），进行合理的布置。

但需要特别注意的是：一方面，音质好坏不只是由混响时间这一单一因素决定，还涉及诸多相互关联的因素，所以上述介绍的最佳混响时间只是推荐值；另一方面，即使确定了最佳混响时间，也不能保证观众厅就具有良好的音质，它只是决定观众厅音质好的因素之一。音质评价的参量不仅仅是混响时间，还有响度、早后期声能比等。大致相同的两个大厅，其音质有时会有很大的差异，这表明混响时间对音质的评价不完全充分。但这些参量计算和测量比较复杂，在设计中仅能定性考虑。

13.2　实　验　内　容

混响时间是目前用于评价厅堂音质的一个重要指标。对于各种用途不同的房间，对应有不同的混响时间。因此在厅堂音质设计中，混响时间的设计是一个重要的方面。对于音乐厅、影剧院、多功能厅、会议厅等，为鉴定其音质质量，混响时间测试是最主要的手段之一。本实验测量厅堂混响时间，测量环境可以分为空室、排演时和满场三种。

13.2.1 实验仪器

1. 声源装置

声源装置由信号源、功率放大器和输出声源信号的扬声器组成。常见的声源有白噪声、转音和脉冲声。功率放大器的作用是将信号源发出的声源信号做功率放大，使扬声器能输出一定功率的辐射声能，以便在测试室内造成稳定声场。对于影剧院等观众厅满场时的混响时间测定，应有 50 W 的放大功率，否则声源产生的声压级不能满足测量要求。

测量时用于发声的扬声器系统应是无指向性的，要求频响平直。

2. 接收装置

接收装置由传声器、声级计带通滤波器和声级记录仪组成。传声器的作用是把被测的声学物理量转换成电学物理量。由于测量声压的传声器易于制作，还因为人耳也是一个声压接收器，与接收声压的传声器有类似作用，故广泛使用把声压转换成电压的传声器。

在声学测量系统中，无论是声源系统还是接收系统，通常都加有滤波器。加滤波器的目的是了解被测声音的频谱特性，并把不需要的频率成分滤除掉以改善接收系统的信噪比，减少噪声对所需信号的干扰。常用的滤波器有倍频程滤波器和 1/3 频程滤波器。

声级记录仪是一种将声学测量结果自动记录下来的仪器，声级记录仪与声级计配合使用时可测量厅堂的混响时间。

13.2.2 实验原理

混响时间（T_{60}）的定义：室内声场达到稳态，声源停止发声后，房间内声能密度衰减 60 dB（为百万分之一）时所经历的时间（s）。本实验通过测量声场中声压级的衰减曲线求混响时间，因此测量时稳态声压级必须高于本底噪声 40 dB 以上，最后根据曲线斜率计算混响时间。要求每个中心频率测量 3 次。

13.2.3 实验步骤

（1）声源产生的频带声压级至少应比背景噪声的频带声压级高 35 dB。对剧场、电影院等厅堂进行测试时，扬声器的位置应尽可能放在实际声源的位置附近（舞台、指挥台或讲台），也可放在合唱队席位等其他位置上。对于一般房间，可将声源放在离反射面 1 m 以外的地方，并从两个不同的位置分别发声。

（2）在表 13-5 中填写被测对象基础信息。

（3）测点应保证在混响声场内，但不能放在声源附近，或直达声场较强的区域。一般传声器位置应离声源 1.5 m 以外，离开反射面 1 m 以外。测点数不少于 3 个，每个测点上至少重复测量 2 次，各测点之间的距离不小于 1.5 m。对于建筑面积较大的剧场、电影院大厅，可测对称的一半，分区布置测点，测点应距离声源 10～15 m。对于体积大（超过

1 000 m³）或形状复杂的厅堂，重复测量次数还要多一些。

若在满场或排演时进行测量，有时不能使用常规声源发声，可以利用乐队的声源。测点至少选择 2 个，如选择在厅堂前排和楼厅上的座位，传声器放在地面以上 2.3 m 处。绘制大厅的平面和剖面简图并标明测点位置。

（4）按被测厅堂要求布置好吸声或反射面，关闭好门窗。

（5）开始实验，选择不同类型的声源。

（6）测量时选择 125～4 000 Hz 中心频率的倍频程或 1/3 倍频程，分频率逐次测量，每个频率至少测量 3 次，取其平均值即可得到该测点的混响时间。

（7）输出并保存数据。将相关数据填入表 13 - 6 中。

表 13 - 5　被测对象基础信息

厅堂名称		测量日期			
大厅容积/m³		室内温度/℃		相对湿度/%	
每座容积/m³		内表面积/m²			
座椅数量和材料类型					
大厅内装修情况					
乐池的敞开或封闭情况					
防火幕或大幕挂起或放下情况					
舞台陈设和舞台反射罩情况					
声源类别和位置					
记录仪器的类别和型号					

表 13-6　测试数据整理　　　　　　　　　　　　　　　　单位：s

	125 Hz	160 Hz	200 Hz	250 Hz	315 Hz	400 Hz	500 Hz
1							
2							
3							
平均值							

	630 Hz	800 Hz	1 000 Hz	1 250 Hz	1 600 Hz	2 500 Hz	3 150 Hz
1							
2							
3							
平均值							

13.2.4　实验分析与讨论

（1）厅堂混响时间评价与分析。

（2）实验误差分析。

13.2.5　国家相关标准与规范

《室内混响时间测量规范》（GB/T 50076—2013）。

13.3　实 验 思 考

（1）厅堂建筑声学设计的要求标准及设计方法。

（2）某房间的尺寸为 4 m×8 m×15 m，关窗混响时间为 1.2 s，侧墙上有 8 个 1.5 m×2.0 m 的窗，全部打开。请查阅相关资料后求出混响时间。

参 考 文 献

[1] 刘加平，戴天兴. 建筑物理实验［M］. 北京：中国建筑工业出版社，2006.

[2] 刘加平. 建筑物理［M］. 4 版. 北京：中国建筑工业出版社，2009.

[3] 李井永. 建筑物理［M］. 北京：机械工业出版社，2016.

[4] 柳孝图. 建筑物理［M］. 3 版. 北京：机械工业出版社，2010.

[5] 柳孝图. 建筑物理环境与设计［M］. 北京：中国建筑工业出版社，2008.

[6] 孟曦，龙恩深. 简易热箱-热流计法现场测试墙体传热系数研究（Ⅱ）：基于现场测试的可行性实验研究[C]//第十六届西南地区暖通热能动力及空调制冷学术年会论文集，2015.

[7] 原口秀昭. 漫画建筑物理［M］. 北京：中国建筑工业出版社，2018.

[8] 傅秀章，柳孝图. 建筑物理［M］. 北京：中国建筑工业出版社，2010.

[9] 朱冬冬，朱晓天，段忠诚. 建筑物理环境模拟与分析［M］. 北京：中国建筑工业出版社，2018.

[10] 曾理，万志美，徐建业. 建筑技术科学（建筑物理）书目索引［M］. 北京：中国建筑工业出版社，2016.

[11] 钱锋，史泽道，杨丽. 体育建筑热环境研究思考［J］. 建筑科学，2019，12：164–169.

[12] 鉾井修一，李永辉. 建筑热环境对人体热生理反应的影响与实验模拟研究［J］. 新建筑，2019，5：18–22.

[13] 徐俊丽. 基于"开放式"教学理念的建筑物理光环境改革与实践［J］. 建筑与文化，2019，11：182–184.

[14] 崔哲，陈尧东，郝洛西. 基于老年人视觉特征的人居空间健康光环境研究动态综述［J］. 照明工程学报，2016，10：21–26.

[15] 康健，马蕙，谢辉，等. 健康建筑声环境研究进展［J］. 科学通报，2020，2：288–299.

[16] 陈静，马蕙. 大空间建筑声环境分析［J］. 南方建筑，2019，6：48–53.

[17] 谢辉，邓智骁. 基于循证设计的综合医院病房声环境研究：以宜宾市第二人民医院为例［J］. 建筑学报. 2017，9：98–102.

[18] 中国建筑协会建筑师分会建筑技术专业委员会，东南大学建筑学院. 绿色建筑与建筑技术［M］. 北京：中国建筑工业出版社，2006.

[19] 莱希纳. 建筑师技术设计指南：采暖·降温·照明［M］. 北京：中国建筑工业出版社，2004.

[20] 张祖刚，陈衍庆. 建筑技术新论 [M]. 北京：中国建筑工业出版社，2008.

[21] 彭琛，燕达，周欣，等. 提高建筑气密性适应性研究 [C] // 全国暖通空调制冷 2010 年学术年会资料集，2010.

[22] 陈栋梁. 建筑节能领域房屋气密性相关理论研究 [J]. 建筑科技，2014，9：71–73.

[23] 田雁晨，孙冬梅，刘刚. 建筑围护结构气密性检测方法研究 [J]. 绿色建筑，2010，11：36–39.

[24] 冉茂宇. 热箱法检测建筑围护结构传热系数的改进研究 [C] //2010 年建筑环境科学与技术国际学术会议论文集，2010.

[25] 杨中合. 谈建筑传热与节能 [J]. 陕西建筑，2005，3：6–8.

[26] 袁旭东，甘文霞，黄素逸. 室内热舒适性的评价方法 [J]. 湖北大学学报（自然科学版），2001，6：139–142.

[27] 巴赫基. 房间的热微气候 [M]. 傅忠诚，译. 北京：中国建筑工业出版社，1985.

[28] 陈学瑜，苗长胜，杨俊辉. 建筑物室内热湿环境 [J]. 河北建筑科技学院学报，2002，19（3）：12–19.

[29] 张国强，徐峰. 可持续建筑技术 [M]. 北京：中国建筑工业出版社，2009.

[30] 谢景新. 防护热箱法测定墙体传热系数影响因素研究 [J]. 福建建设科技，2018，1：40–42.